国家十二五科技支撑计划课题"徽州传统聚落改造与
技术挖掘和传承关键技术研究及示范"（2012BAJ08B03）成果

徽州传统建筑特征图说

安 徽 建 筑 大 学

刘仁义　金乃玲　等编著

中国建筑工业出版社

序 言
Preface

清华大学建筑学院
单德启

安徽建筑大学刘仁义教授和金乃玲教授领衔著作的《徽州传统建筑特征图说》，本人有幸先睹为快。为此，不顾浅陋书写了这篇文字，权作"前言"，就正于各位读者。

在我看来，本书的最大特色是：图文并茂，雅俗共赏。门类之齐全，实例之众多，是我阅读过的有关徽派建筑、徽州民居的各种出版物之首，看得出作者们付出了艰辛的劳动。所谓"图文并茂"，是有图（甚至还有分析图和图表）有文字，"说"的意思，既是解读，又是导读，让读者能突破画面有想象的时空。所谓"雅俗共赏"，"雅"者是借用，指有关的专业人士，我看除了建筑学专业——包括建筑规划和设计，建筑历史和建筑技术，园林和室内设计等等，旅游专业以及地域人文、经济等等各方面的专家学者，都不妨读一读本书。"俗"也是借用，是指一般读者，翻一翻此书也能增长知识。

本人当属专业人士，因而对圈内同仁多说几句。记得一位师兄早年曾经语重心长地对我说，做学问一定要下去，要眼睛向下，下面有许多生动活泼的东西，"原生态"的东西。别人的东西多多少少经过了他自己的加工，即使是真实的，也需要验证，需要自己感同身受。他的话使我受益匪浅。那么，这本"图说"对你深入下去"做学问"，至少是提供了一份"导游图"。我记得30年前，为了一个外事接待，我第一次到屯溪区（今黄山市），之前只耳闻徽州民居，亲身到访，两眼一抹黑。当时别人介绍了一位老领导，他热情地在一张纸上写写画画，这里是西递、宏村，那里是唐模、棠樾；那时还没有导游图。这位地方领导还借我一辆自行车，就这样开始了我的调查研究。现在这本《图说》出版，显然是一部更为全面而详细的"导游图"了。

其次，深究下去，这个领域还有不少值得继续研究的课题，比如，传统徽派建筑的外延和内涵还有待发现和研究，"徽派建筑"和广义的"徽文化"的相互关系，传统徽派建筑的未来和未来的徽派建筑，"传统徽派建筑"和"徽派建筑传统"它们的联系和区别；再如，作为中国最大的文化圈之一的"徽文化"和其他文化圈的交流和变迁，等等。本人相信，这部《徽州传统建筑特征图说》的问世，必将进一步促进这些研究。

2014年11月
作于清华园

目 录
Contents

一、村落形态

1. 徽州村落基址类型

徽州地处皖南盆地中心，黄山以南，天目山以北，原为山越人聚居地。地势以山地丘陵为主，北高南低，其中又有丰乐河流贯中部，注入新安江，是典型的山地环境。特殊的自然环境形成独特的文化，徽州古村落在选址中，一般都依山就势、沿溪顺河，充分体现环境特征，追求人居建筑与自然环境的和谐融合，达到"天人合一"的境界。对地形和周围环境的顺应，使得徽州村落星罗棋布、形态万千。又因"八分半山一分水，半分农田和庄园"，徽州人居聚落的占地十分狭小，常在山水"夹缝"之间寻找立足之地。因此，其古村落营建特色之一就是选址——其古村落营建选址独具特色。根据村落所处的地理环境特征，可分为以下四种基址类型。

1）大山脚下的山口型（图1-1、图1-2）

徽州历来少受战乱侵扰，成为徙居理想避难场所。徽州地处皖南山区，群山环抱，因而聚落选址多位于大山脚下的山口，这里背山面水，坡缓田整，交通便利。如：屏山、江岭等，借助山势屏障，更具有安全感，也符合风水"藏风聚气"的要求。

> 山口型

图1-1

屏山村
来源：www.
hygcct.com

屏山古村落位于黟县县城东北4公里处，坐落于屏风山南边的山脚下。

图 1-2

江岭村

来源：自摄

江岭村南临晓起，东接溪头，地处婺源县
最东北，村落四周高山环绕，随着地势高
低起伏有大片的梯田。

2）大山间的山坳型（图1-3、图1-4）

徽州多山岭，因而很多村落位于两高山之间的平地要隘或山峰环围间的盆地。例如雄村、许村等。

3）山间盆地中央的平原型（图1-5、图1-6）

考虑到农业发展需要有肥沃土壤，山间平原也是村落的主要选址区，其土层深厚，相对于徽州大多数区域的贫瘠土壤，土质较好，此外还可利用其平坦地势营建家园，如唐模村、棠樾村等。

> **山坳型**

图 1-3

雄村
来源：www.yikuaiqu.
commudidiphoto.
phpscenery_id=25367

雄村位于歙县县城东南7公里处雄村乡境内，倚南山，面竹山，坐落于渐江西畔，是以教育有方、人才辈出著称的古村落。

图 1-4

许村
来源：http://
photo.aiutrip.
comPhoto141192.
Shtml

许村坐落于歙县县城西北20公里处的许村镇，地处黄山主脉箬岭南麓，是镶嵌在黄山山脉中的一颗古朴而璀璨的明珠。

图 1-5

唐模村
来源：自摄

唐模村位于黄山
之口，毗邻歙县
棠樾牌坊群。村内
檀干溪穿村而过，
全村夹岸而居并修
筑亭台楼阁、水榭
长桥；湖堤遍植檀
花和紫荆，形成名
闻遐迩的徽派园林
"檀干园"。

棠樾村
来源：自摄

棠樾村，属安徽省
黄山市歙县，村落
位于山间盆地，地
势平坦。
棠樾村牌坊群由7
座牌坊组成，以
忠、孝、节、义的
顺序相向排列，旌
表棠樾人的"忠孝
节义"。

4）沿河呈带状发展的滨水型（图1-7、图1-8）

徽州域内有丰乐河、新安江、青弋江、水阳江等水系，水运交通相当发达。因而村落沿水系发展成为其最常见的形式之一，此类村落位于群山环抱的盆地之中与山保持一定的距离，中隔田畴，宜耕宜居宜行，为居民的生产、生活提供了便利。

> **滨水型**

图1-7

万安村
来源：http://www.hsmeet. comxnxwazArticle
ShowArticle. aspArticleID=1546

万安村地处盆地，位于休宁县城城东，横江由西向东呈马蹄形绕过。古村依傍于横江北岸，临水而立，沿河建筑与古桥、小溪形成亲切宜人的江南水乡环境，生活气息浓郁。

图1-8
昌溪村
来源：自摄

昌溪村位于歙县南部山区，它坐落在千岛湖的源流昌源河所流经的皖南山间盆地中，四周群山环绕，山清水秀，村境内空气清新，鸟语花香，景色迷人，走入昌溪如入世外桃源。

2. 徽州村落布局类型

徽州村落的布局受自然原始生存条件限制以及风水学说的影响形成了呈集中型的带状、团状和象形附会等布局类型。

初始，依据宗族长老与风水师的"慨念性"布局规划，利用区域内的水利之便，最初的几个孤立居民点往往近水而居，沿河布置，或是选择狭长盆地中近水而又高于水的地势，村落的物质空间形态只是散居的宅居地形成的聚落，没有明确的道路、组团区分。接下来，几个居民点之间沿河发展，互相连接成为线型的居民带，而后是民居带沿河的继续生长，垂直于溪流扩充，使居民带扩展为一个块面区域。其间，祠堂建筑出现，使村落中心有所转移或稳定下来。

如果区域内有多条水道时，以上演化会同时进行，最后由几个块面区域"拼接"融合成一体，即形成古村落的整体空间。但在生长过程中，并非每条河道的发展都是均衡的，一般按一条最适宜的河道（如主河道）发展生长，称为生长主轴，它确定着村落空间形态的主要走向，而其他河道可作为生长次轴。次轴的生长常依托于主轴的生长连接点由点到线的生长，与主轴共同构成村落的生长骨架。生长连接点为生长轴的分叉处，一轴到多轴发展的关节。按照此种发展模式形成了带状和团状两种平面布局类型（图1-9、图1-10）。

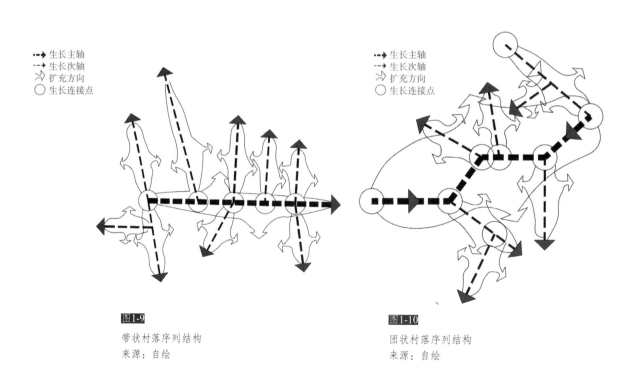

图1-9
带状村落序列结构
来源：自绘

图1-10
团状村落序列结构
来源：自绘

1）带状的平面布局类型（图1-11~图1-13）

此类村落多沿着河溪或顺山麓，山坞呈带状衍生。由于受限于山水基面空间围合，难以突破山脉夹峙而形成的带状布局。

> **带状**

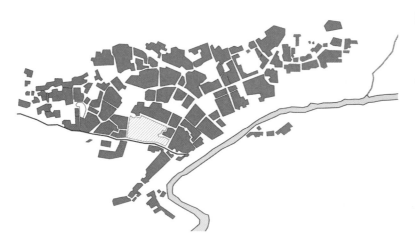

图1-11

瞻淇村总平面图
来源：自绘

瞻淇村三面环山，东面略为开敞。三条主要水渠——大坑、塘坑、下坑限定了村落的边界，穿村而过的上坑之水又将瞻淇分为上街和下街两部分。村落布局以义德庙为自然村端头，自西向东延伸出一条约1.5公里的主街。以主街为中心轴向两边密布排开许多巷弄，纵横交错，分布均匀，街巷系统较完整。

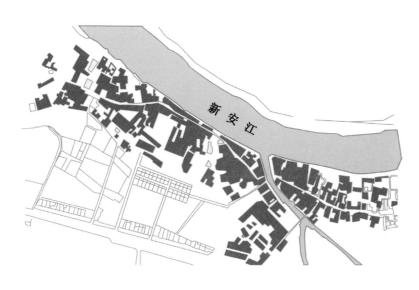

新安江

图1-12

万安村总平面图
来源：自绘

万安村受新安江支流横江之限与其平行发展，东西向仅有一条主街——万安街，垂直主街衍生出十数条巷子，形成了鱼骨状街巷空间风貌。

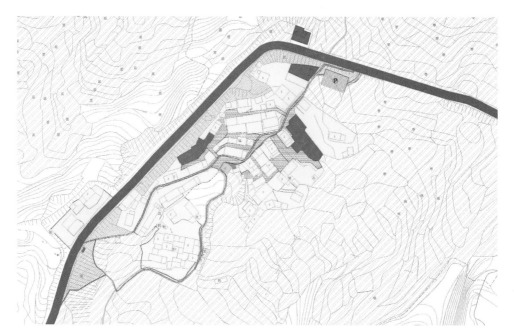

塔川背倚黄山西南余脉黄堆山，于高庵与低庵两峰之间，有清溪穿村而过，直奔奇墅湖。因受地形所限，村落呈带状衍生。

2）团状的平面布局类型（图1-14、图1-16）

此类村落则多分布于地形平坦、人口稠密的地区，内部往往有较为分明的方格状结构，是由原始河流冲击成小平原而构成。

> 团状

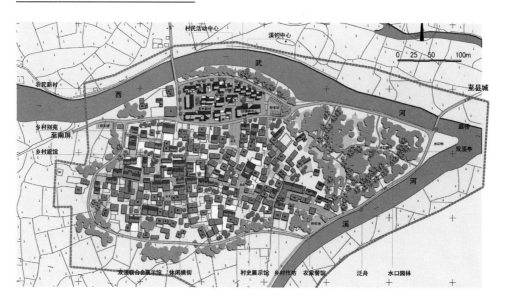

余光村位于黟县西南，地势平坦，北临西武河，东依前溪河，村落沿西武河发展，因限于前溪河形成团状的布局形态。

图1-15

屏山村总平面图
来源：自绘

屏山村山北有屏风山，屏风山与东侧青山
之间的弓家岭，流出吉阳溪，经屏山村，
于古溪村处汇入自黟城南来的漳河。屏山
村沿水系发展，筑坝掘渠，引水灌溉田
亩，并在与朱村接壤处开凿月湖，形成团
状的布局形态。

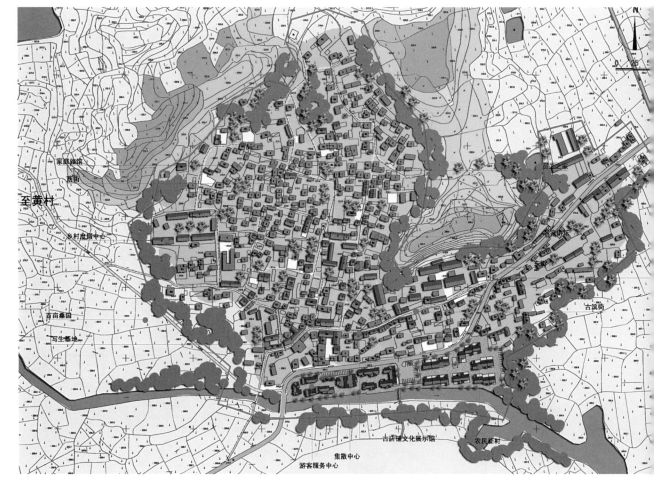

图1-16

古筑村总平面图
来源：自绘

————

古筑村位于黟县西南侧。村落民居沿村南
水系发展，受地势所限，多建在村北地势
较平坦处，沿山水地势衍生形成团状的布
局形态。

3）象形附会的平面布局类型（图1-17～图1-19）

风水学说对徽州村落布局有很大的影响，徽州人依据风水学说，注重规划布局与自然环境的融合，无论房屋的朝向、树木的选择等，所谓"无村不卜"。这种追求的结果使得徽州的每一个村落，都有着近乎天成的框架结构。例如在对村落进行理想布局过程中，风水师需要"喝形"，即凭直觉将山川地势比作某种动物，进而将这些动物本身所隐喻的吉凶与世人的福祸联系起来，因此形成了象形的平面布局类型。

> **象形附会**

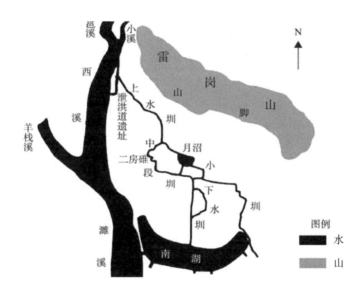

图1-17

宏村总平面图
来源：自绘

"喝形"——对某些有吉祥寓意的动物进行具象化的模仿。

宏村以雷岗为牛首，参天古木是牛角，由东而西的民居群宛如牛躯。引清泉为"牛肠"，经村流入被称为"牛胃"的月沼后，流向被称作是"牛肚"的南湖。河溪上架起的四座桥梁为牛腿，以此来营造良好的生态环境。

图1-18

呈坎村总平面图
来源：自绘

吴坎村按照传统风水学说的指导，布局村落的形态要达到与自然和谐共生的目的，主要内容以参照阴阳八卦为主。

按《易经》"阴（坎），阳（呈），二气统一，天人合一"的风水理论选址布局，三街、九十九巷宛如迷宫。村内的龙溪河呈"S"形从北向南穿村而过，形成八卦阴阳鱼的分界线；村边矗立八座大山，自然形成了八卦的八个方位，构成了天然八卦布局。

图1-19

西递村总平面图
来源：自绘

象形：对某些特殊形状或物体具象化的模仿。

西递始建于宋朝的元祐年间（1089～1094年），由于河水向西流经这个村庄，原来称为"西川"。因古有递送邮件的驿站，故而得名"西递"，素有"桃花源里人家"之称。西递村呈船形，村中鳞次栉比的古民居建筑群，就像一间间船舱，组成大船的船体；昔日村头高大的乔木和13座牌楼，好比船上的桅杆和风帆，村周围连绵起伏的山峦，宛如大海的波涛；村前的月湖和上百亩良田簇拥着村子，恰似一艘远航的宝船停泊在宁静的港湾里。

3. 徽州村落空间类型

　　徽州古村落人居环境空间体现了人类活动、建筑物、空间结构与环境气候的和谐统一，是一个有机的聚合整体。它既满足了人的行为活动要求和心理需要，并与风俗习惯、社会文化各方面都保持着内在而紧密的关系，又对生活在其中的人无时无刻不施加着影响，潜移默化地改变着人的心理模式，进而形成一定的行为方式。同时，随着社会的不断进步，人的各方面需求也有所发展，人们不断地对古村落空间进行改造，以使之与自己的生活、生产、习惯乃至更高层次的思维方式、审美观念及习俗文化等各方面更加契合。

　　徽州村落的整体空间一般是按合院空间——建筑组团——街坊——村落整体的空间序列形成的。村落空间大致有线形空间、节点空间及景观空间三大类型，其中线形空间主要是指村落内部的街巷及线形水网空间，主要水道是聚落的主轴，确定了聚落的形态走势，街巷是随着徽州村落的发展而逐渐形成，将聚落划分成几大块，是聚落的骨架。节点空间包括村口空间、广场空间及交叉空间；景观空间是徽州村落空间的一种特殊类型，人们对徽州村落的感知主要通过被赋予了环境意趣、情感意义或文化内涵的"景"来实现，景观的优劣是人们评价村落环境好坏的直观因素。景观空间包括自然景观空间及人文景观空间两类。各类空间从局部到整体过渡并延伸，相互交叉，彼此渗透，没有明显的边缘，使村落空间极具整体感，同时，建筑层次的高低与布局的错落有致又使整个空间富于变化，而不致令人产生视觉疲劳或是厌倦。

1）线形空间—巷道（图1-20～图1-33）

N

对外道路

a.封闭直路
b.半封闭道路
c.半封闭半开敞道路
d.水街

图1-20

屏山村街坊网络
来源：自绘

> **封闭直路**

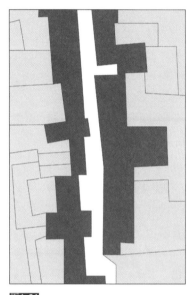

图1-21
封闭直路平面
来源：自绘

图1-22
屏山某封闭直路
来源：自摄

　　封闭直路线形空间一般是由两侧建筑围合而成。它可分为交通性街巷和生活性巷弄。交通性街巷较宽阔，两旁多为公共建筑和商业建筑；生活性巷弄较曲折多变，界面丰富，生活气息浓厚。

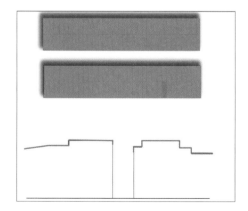

图1-23
封闭直路平、立面示意
来源：自绘

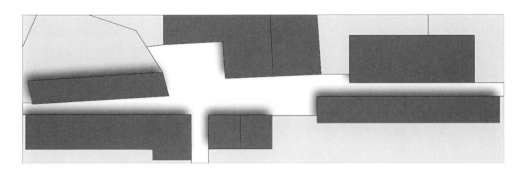

图1-24

半封闭道路平面
来源：自绘

半封闭道路线形空间一侧是
建筑，另一侧退后或者转折。

图1-25

屏山半封闭道路
来源：自摄

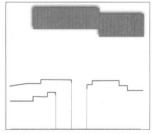

图1-26

平、立面示意
来源：自绘

> 半封闭半开敞道路

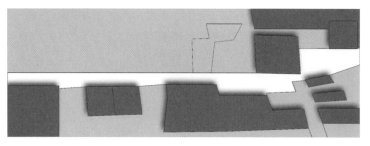

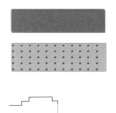

图1-27

半封闭半开敞道路平面
来源：自绘

半封闭半开敞道路是指道路一侧是建筑，
一侧是空地。

图1-28

平、立面示意
来源：自绘

图1-29

屏山半封闭半开敞
道路
来源：自摄

图1-30
水街平面
来源：自绘

图1-31
屏山水街
来源：自摄

水街是指一侧临水或两岸接临建筑的道路。生活性水街空间变化较小，与内部街巷的建筑较统一；商业性水街空间界面丰富，建筑形式多为下店上宅式或前店后宅式。

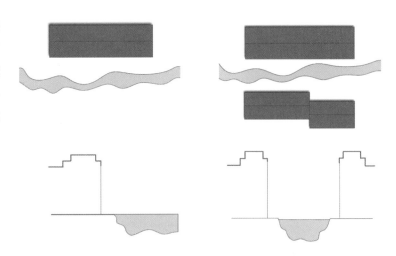

图1-32
一侧临水水街平、剖面示意
来源：自绘

图1-33
两侧临水水街平、剖面示意
来源：自绘

2）节点空间（图1-34～图1-44）

＞ 村口空间

图1-34

屏山村口位置
来源：自绘

村口是村落空间序列的开端，也是村落整体建筑格局的"门户"，有着显示村落地位的作用。村口同时也是街巷交叉口的一种特殊类型，通常村口设有广场或村门，作为居民集散地，往往有集中视觉的标志中心。

图1-35

屏山村口
来源：自摄

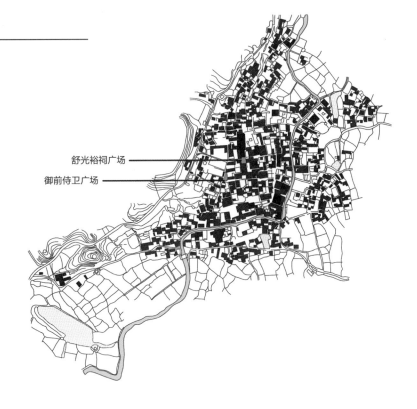

图1-36

屏山舒光裕祠广
场和御前侍卫广
场区位
来源：自绘

舒光裕祠广场

御前侍卫广场

　　徽州古村落的广场与宗祠联系紧密，是由相邻的建筑与祠堂一起围合形成，祠堂或社
屋前的"坦"是举行各种宗族仪式、祭祀的场所。

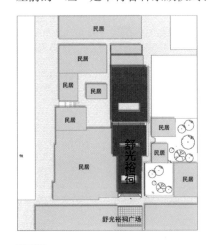

图1-37

屏山舒光裕祠广
场及其周边环境
来源：自绘

图1-38

屏山舒光裕祠广场
来源：自摄

通常徽州村落内建筑分布密集，广场的设置使空间节奏发生变化，让人有豁然开朗之感。

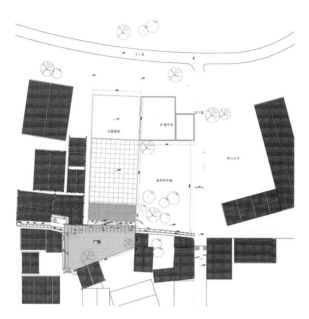

图 1-39

屏山御前侍卫广
场及其周边环境
来源：自绘

图 1-40

屏山御前侍卫广场
来源：自摄

3）交叉空间

>"丁"字交叉口

图 1-41

屏山"丁"字交
叉口
来源：自摄

"丁"字交叉口在
徽州古村落街巷节
点中最为常见。

图 1-42

平、立面示意
来源：自绘

>"十"字交叉口及它们经过错位变化而产生的复合型交叉口

图 1-43

南屏交叉口
来源：自摄

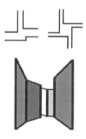

"十"字交叉口少
以正交的形式出
现，常有不同程度
的曲折、错位，而
形成两个"丁"字
口相连的模式。这
使节点空间更具场
所识别感和较强的
导入性。

图 1-44

平、立面示意
来源：自绘

4）景观空间（图1-45～图1-54）

聚落景观是徽州聚落文化的典型表象，人们对徽州村落的感知主要通过被赋予了环境意趣、情感意义或文化内涵的"景"来实现，景观的优劣是人们评价村落环境好坏的直观因素。聚落景观包括自然景观及人文景观两类，具体又可分为山水景观、水口景观、农业生态景观、建筑景观、园林景观等。

> 山水景观

图1-45
雄村山水景观空间
来源：自摄

徽州村落的选址布局都遵循"天人合一，因地制宜"的空间创造观，山环水绕，水由高而下，缓缓经过村落，流向平芜之地，山水契合，形成围合或半围合的封闭空间，山水空间一般都有很好的生态环境，植被郁郁葱葱，溪水清透见底，呈现出一种淡雅朴素的自然美。

图1-46
潜口山水景观空间
来源：自摄

图1-47

唐模水口景观空间
来源：自摄

　　水口——村之水的出水口。水口是徽州古村落空间序列的开端，依据风水学说及地形一般位于山脉转折，流水环绕的地方，边上还会辅助建造些富于人文气息的建筑，以庙、亭、堤、桥、树为主。水口与相对封闭的自然地形容易形成空间上的对比，进入水口后有豁然开朗，别有洞天的景观效果。

图1-48

雄村水口景观空间
来源：自摄

图1-49
雄村农田景观空间
来源：自摄

　　徽州地区的农田多位于山脚或缓坡处开发成梯田，使得徽州地区的农业农田景观空间独具特色。同时，四季分明的气候使得徽州地区的农田景观每个季节都有各自丰富的景观效果。

图1-50
婺源农田景观空间
来源：自摄

一、村落形态

图1-51

延村建筑景观空间
来源：自摄

民居、祠堂、书院、牌坊、楼台亭阁、水口等组合成的村落景观巧妙地利用自然地形环境，形成高低错落、空灵通透的特殊景观空间。在青山的映衬下，以粉墙黛瓦的和谐组合为基调，马头墙、山墙的建筑造型在蔚蓝的天际勾画出民居墙头与天空的轮廓线，增加了建筑景观空间的层次韵律美，如诗如画，意境唯美。

图1-52

思溪村建筑景观空间
来源：自摄

图 1-53

呈坎园林景观空间
来源：自摄

徽州村落景观空间中处处体现着园林景观之美，其中又以水口园林空间为最美，园林景观空间通常能因地制宜，就地取材，由桥、亭、堤与树、塘、溪等小空间组合而成。同时，在色彩上也做到了与自然的高度和谐统一，空间具有韵律美、和谐美和意境美。

图 1-54

唐模园林景观空间
来源：自摄

二、徽州建筑类型与形制

徽州建筑发轫较早，形成于宋，成长于元，至明清时期达到了鼎盛阶段，形成了具有独特地域文化特征的建筑艺术风格，是中国民居建筑的流派之一。徽派建筑不仅仅有古民居，关于徽派建筑的分类有很多种，按照类型可分为宅居、祠堂、书院、戏楼、商业、牌坊、桥、亭、塔等。现有遗存类型齐全，可佐证当时的鼎盛。每种类型的建筑都有自己的形制和分类以及空间形态。如宅居按照平面形制可以分为"凹"形平面、"回"形平面、"H"形平面、"日"形平面等；每座宅居建筑内都有天井空间、厅堂空间、厢房空间和附属空间；祠堂也可以分为宗祠，支词和家祠等，而每座祠堂也有仪门空间、享堂空间、寝堂空间等。

通过对不同类型的徽州建筑以及它们的形制和空间形态来进行研究，我们可以更加具体和深刻地了解不同种类的徽州建筑的特征。

1. 宅居

宅居是百姓居住之所，包括住宅以及由其延伸的居住环境。徽州古宅居建筑的形成过程，受徽州独特历史地理环境和人文观念的影响，显示出鲜明的地域特色。徽州地区原为古越人聚居地，因皖南山区气候湿润等自然因素，古越人宅居形式主要为"干栏式"建筑。汉魏以后，为躲避战乱，中原士族多次大规模迁入，导致中原文明与古越文化融合，在这两种文化的影响下，徽州宅居有了它独特的建筑形式和空间形态。

从徽州地区大量的遗存民居来看，多为两层宅居，规模不一。但基本空间构成元素类同，有入口空间、仪门空间、天井空间、厅堂空间、厢房空间（一、二层）、庭院空间及附属空间（包括厨房、厕所、杂物间等空间）等，有些规模较大、等级较高的民宅，则可能还有书房、花园、过厅、回廊等。一般来说，徽派民居以天井为中心，天井正前方为厅堂，厅堂朝天井一面开敞，形成宅居的主体活动空间。天井、堂位于中轴线，厢房两边对称布局，灶间、后院等其他用房则据地势、地形灵活与之组接。

徽州古民居从规模上来说大致分成大宅和小宅，小宅的主体部分基本上是"凹"形、"回"形、"H"形、"日"形四种形制。大宅则由这四种"单元"细胞组合而成，组合的方式主要是串联、并联和以院落组合连接，细胞之间轴线对接，呈有机生长状，很少看到交错对接的情况。

1）平面形制

徽州宅居建筑的平面形制以天井为中心可以分为四类："凹"形平面、"回"形平面、"H"形平面、"日"形平面。

>"凹"形平面（图2-1～图2-3）

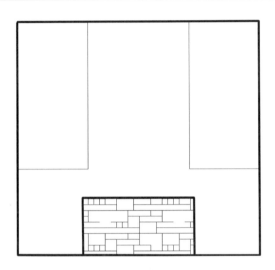

"凹"形平面为三间一进楼房（在三间式的基础上也有五间式的，但为数较少）。三间式的进深与开间基本相同，平面约呈方型，加上四周高墙围护，形似一颗玉玺，因此又称为"一颗印"。（见图2-1）

图2-1

"凹"形平面分析图

来源：自绘

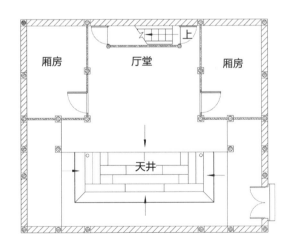

图2-2

歙县许国相府

来源：自绘

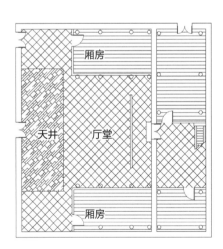

图2-3

黟县西递存淳厅

来源：自绘

> "回"形平面（图2-4～图2-6）

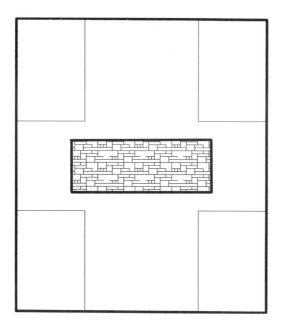

"回"形平面又称四合式，俗称"上下厅"，也称"上下对堂"。为三间两进楼房，是两组三间式相向的组合，即门厅与客厅相对的四合式组合。（见图2-4）

图2-4
"回"形平面示意图
来源：自绘

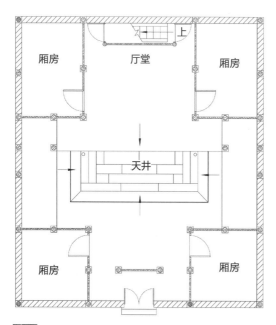

图2-5
绩溪县石家村大石桥下7号民居
来源：自绘

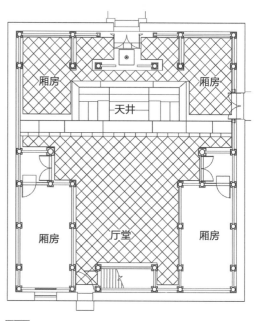

图2-6
黟县屏山某民居
来源：自绘

　　"H"形平面是三间二进堂中间为两个三间式相背组合。前后各有一个天井。前面天井一侧沿正面高墙，后面天井一侧沿屋后高墙。中间两厅合一屋脊，也称"一脊翻两堂"。（见图2-8）

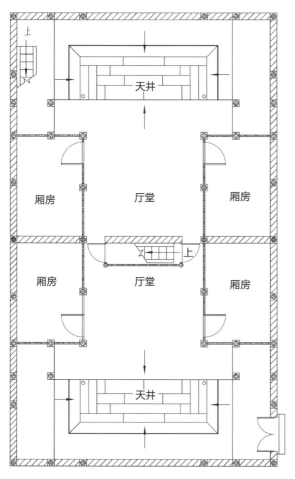

图2-7

黟县南屏村敦睦堂
来源：自绘

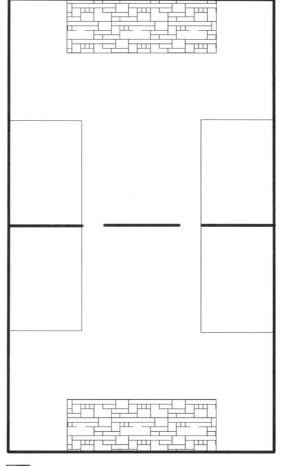

图2-8

"H"形平面分析图
来源：自绘

> "日"形平面（图2-9～图2-12）

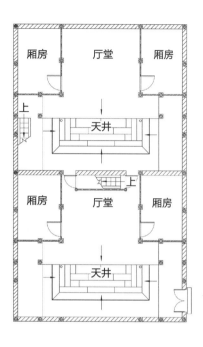

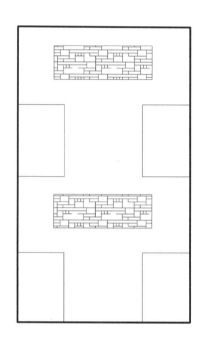

"日"形平面一般为"凹"形平面组合而成。前后各有一个天井——第一进与第二进，第二进与第三进之间。以三间式为一单元，按中轴线纵向排列三进。（见图2-10）

图2-9

绩溪县上庄村胡适故居

来源：自绘

图2-10

"日"形平面示意图

来源：自绘

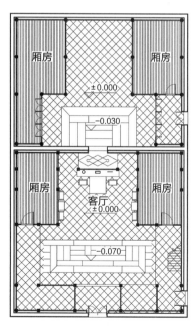

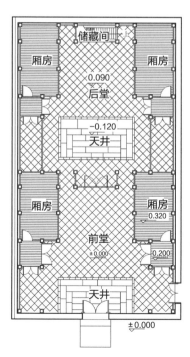

图2-11

黟县屏山某宅

来源：自绘

图2-12

黟县碧山何宅

来源：自绘

2）空间形态

民居的空间形态可以从空间次序和各个空间单元来进行分析。对于一栋普通的徽州宅居来说，各个空间单元之间的历时性流线关系和共时性位序主次关系是同时存在的。

（1）宅居的空间次序

徽州宅居建筑总体来说可以分为主体部分和附属部分，主体部分主要包括厅堂、厢房等部分，附属部分主要包括厨房、储藏室等部分。在主体部分，一般将等级较高的天井和厅堂布置在主轴线上，等级次之的厢房两边对称布置；附属部分的等级较低，一般不受礼制制约，所以形式较为自由。

空间次序关系表现在三个方面：体现空间演化的先后关系；体现空间等级的主次关系；体现空间序列的位序关系。

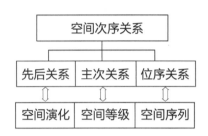

图2-13

空间次序关系概念
示意图
来源：自绘

> a）入口空间（图2-14）

图2-14a

黟县南屏冰凌
阁入口空间退
让呈八字状
来源：自摄

图2-14b

黟县碧山某宅入口
空间退让呈八字状
来源：自摄

图2-14c

黟县南屏慎思堂入口空间为庭院式
来源：自摄

图2-14d

徽州区潜口司谏第入口空间为有檐廊的屋宇式
来源：自摄

> b）仪门空间（图2-15）

从大门进入徽州民居后会经过仪门空间，平时普通客人拜访时则打开仪门两边的小门，让客人进出，只有有身份的客人来到时，才将中间的门打开迎接贵客。

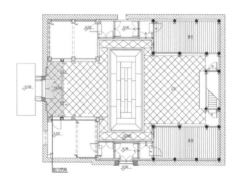

图2-15a

黟县屏山江宅平面（涂色部分为仪门空间位置）
来源：自绘

图2-15b

徽州民居仪门空间三维模型示意图
来源：自绘

图2-15c
徽州区潜口诚仁堂仪门空间
来源：自摄

图2-15d
黟县南屏慎思堂仪
门空间
来源：自摄

> c）天井空间（图2-16～图2-20）

　　徽州宅居，进入大门先见"天井"，这是徽州民居一大特点。徽州民居的天井有两种形式——三水归堂和四水归堂。

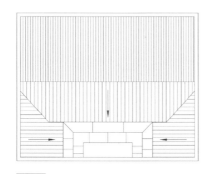 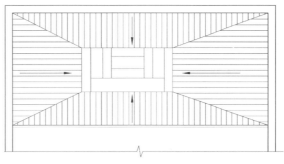

图2-16
天井三水归堂示意图
来源：自绘

图2-17
天井四水归堂示意图
来源：自绘

图2-18
徽州区呈坎燕翼
堂天井空间
来源：自摄

三水归堂天井由一边高墙，三边坡向天井的屋面围合而成。

四水归堂，根据风水之理"得水为先，藏气次之。"且徽商素有"肥水不外流的观念"，称"四水归堂"之宅为聚财屋。（见图2-17）

图2-19
徽州区潜口方宅天井空间
来源：自摄

图2-20
黟县屏山某宅天井空间
来源：自摄

> d）厅堂空间（图2-21~图2-24）

　　厅堂是用于聚会、待客等的宽敞房间，是体现"礼制"的空间，布置在中轴线上，是徽州宅居等级最高的单元空间。

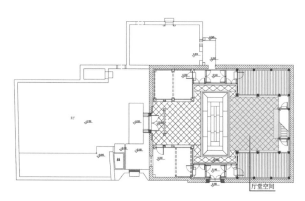

图2-21

黟县屏山江宅平面

来源：自绘

图2-22

黟县西递春荣居厅堂空间三维示意图

来源：自绘

图2-23

徽州区呈坎燕冀堂厅堂空间

来源：自摄

图2-24

黟县南屏南薰别墅厅堂空间

来源：自摄

> e）厢房空间（图2-25~图2-28）

徽州宅居的厢房空间，功能上主要满足居民的日常生活，如学习、睡觉等，空间等级低于厅堂空间，私密性较高，对外几乎不开窗，靠面向天井的槅扇通风采光。

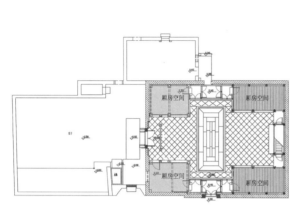

图2-25

黟县屏山江宅平面
来源：自绘

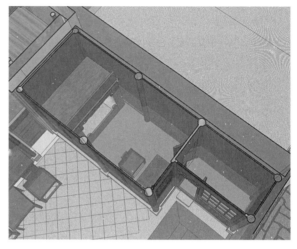

图2-26

厢房空间三维模型俯视示意图
来源：自绘

图2-27

徽州区潜口方观田宅厢房空间
来源：自摄

图2-28

徽州区潜口吴建华宅厢房空间
来源：自摄

> f）庭院空间（图2-29～图2-32）

　　徽州民居院落的平面形态结合环境变化较多，面积大小变化较大，其空间由高3～4米的院墙与建筑的外墙围合而成。院墙与道路有着很好的对应关系，以获得最大的围合面积。

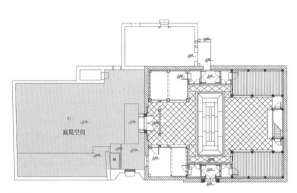

图2-29
黟县屏山江宅平面图（庭院空间如图所标）
来源：自绘

图2-30
黟县卢村思成堂庭院空间
来源：自摄

图2-31
黟县南屏南薰别
墅庭院空间沿路
布置，面积较为
促狭
来源：自摄

图2-32
黟县南屏慎思堂庭
院空间，依据地形
布置
来源：自摄

＞ g）附属空间（图2-33~图2-36）

附属空间主要包括厨房、杂物间等，这类空间主要位于建筑的一旁，空间等级较低，无论是其形制还是面积都与主体建筑有明显的差别。

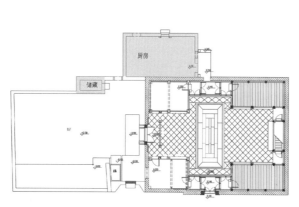

图2-33
黟县屏山江宅平面图
来源：自绘

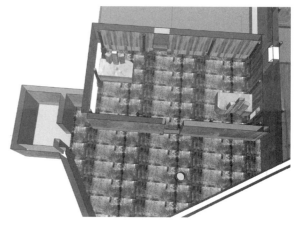

图2-34
民居附属空间三维模型图
来源：自绘

图2-35
黟县南屏某民居厨房
来源：自摄

图2-36
黟县卢村某民居厨房
来源：自摄

（2）宅居单元组合

宅居单元组合方式总的来说大致可分为三类：串联组合、并联组合及以院落或巷弄为连接空间的组合方式。

> a）并联组合方式（图2-37~图2-40）

居住单元横向左右拼接。在共用的侧墙开门，开门天井即相通，交往空间融合；关门天井分隔，即成独立的居住空间。

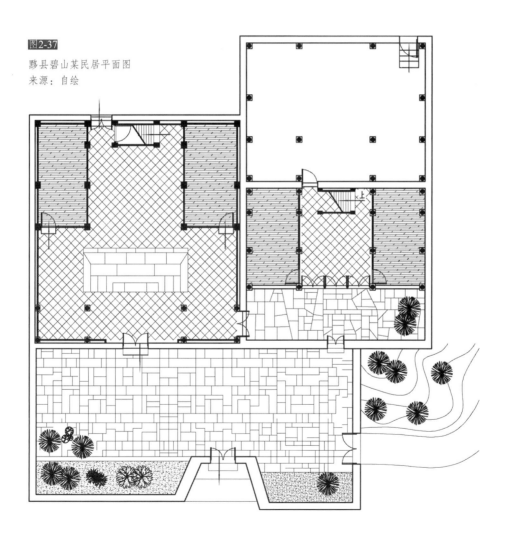

图2-37
黟县碧山某民居平面图
来源：自绘

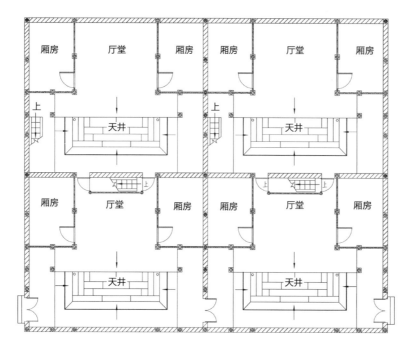

图2-38

旌德县兄弟连屋平面图
来源：自绘

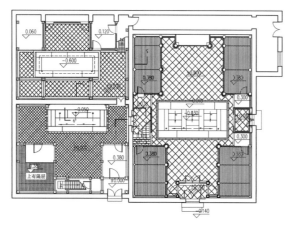

图2-39

黟县卢村思义堂平面图
来源：自绘

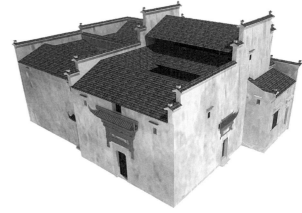

图2-40

黟县卢村思义堂三维模型
来源：自绘

> b）串联组合方式（图2-41~图2-43）

居住单元沿轴向伸长，即一进、二进、三进……每加一进只需增设一纵向天井。

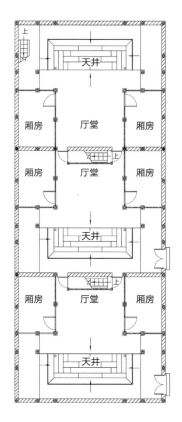

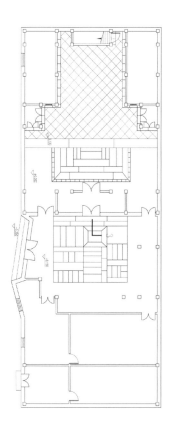

图2-41

歙县渔梁巴慰组
故居平面图
来源：自绘

图2-42

黟县屏山一线天
旁民宅平面图
来源：自绘

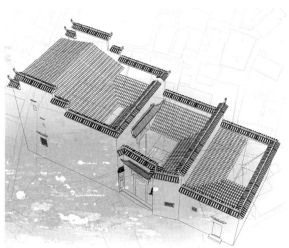

图2-43

黟县屏山一线天
旁民宅三维模型
来源：自绘

> **c）以院落或巷弄组合连接（图2-44～图2-46）**

居住单元之间以入口门外的共用院落灵活组合，形成整体建筑空间。

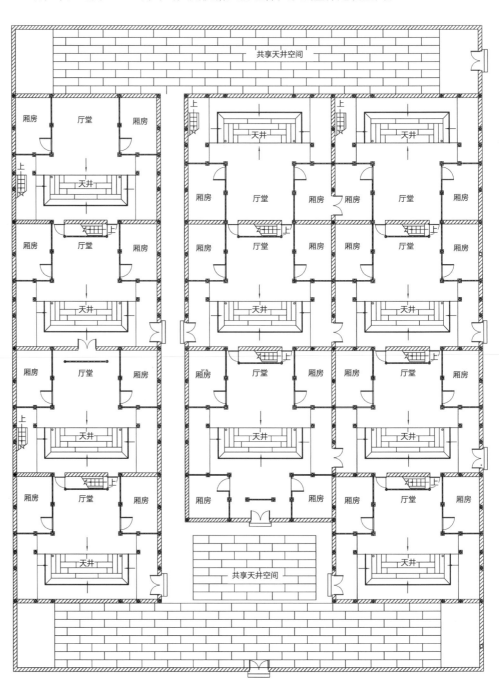

图2-44

歙县棠樾村保艾堂
平面图
来源：自绘

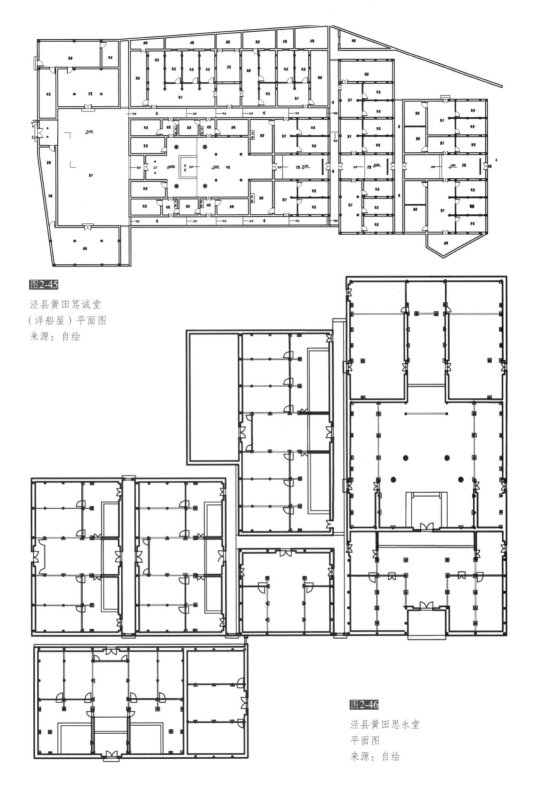

图2-45

泾县黄田笃诚堂
（洋船屋）平面图
来源：自绘

图2-46

泾县黄田思永堂
平面图
来源：自绘

2. 祠堂

祠堂是徽州建筑的重要类型之一。它是宗族制度、宗法戒律的制定、管理、执行场所，是徽州宗族文化的物质载体。因而，明清时，聚族而居的徽州村落，祠堂林立且占据村落的重要位置，是每一宗族积聚族力而建的华美建筑。"有一类建筑，它们既没有繁复的空间层次，也没有惊人的体量和富有特色的造型，甚至恪守着传统形制，却能以雕饰的完美大放异彩"。[1]徽州祠堂集"徽州三绝"——木雕、石雕、砖雕之大成，或简练粗放、典雅拙朴，或精湛细腻、玲珑剔透，具有很高的欣赏价值。是徽州建筑文化的体现之作。

徽州祠堂建筑形制较固定。一般由位于中轴线的纵向三进院落组合其他建筑空间而成。仪门—庭院——正堂——寝殿位于中轴线上，两边对称有厢房、廊庑等。整个祠堂沿中轴线对称，由大门至寝殿的地面逐级升高。外观高耸、封闭，唯门楼是建筑的浓墨重彩之处，体现着宗族的权势与当地匠人们的精湛技艺。

1）祠堂的类型

徽州祠堂有多种分类方法，本书主要从选址类型和祭祀对象两个角度对祠堂进行分类。

（1）按选址类型分类

> **a）边缘型**（图2-47、图2-48）

边缘型祠堂的建造与村落比相对较晚，往往是家族壮大，族中有人经商成功后才开始召集族人建祠。呈坎的罗东舒祠就属于这一类型。

图2-47
罗东舒祠在呈坎的位置
来源：自绘

---

1 朱永春. 徽州建筑[M]. 合肥：安徽人民出版社，2005.

图2-48

罗东舒祠，处于呈
坎村边缘，属于边
缘型
来源：自摄

> b）村中型（图2-49、图2-50）

图2-49
汪氏祠堂，处于宏村月沼旁，属于村中型
来源：自摄

图2-50
汪氏宗祠在宏村的
位置
来源：自绘

徽州村落大部分祠堂都属于这种类型。当一个祠堂被建立起来之后，随着家族人口繁衍壮大，被周围的宅居建筑包围。由此形成了村中公共活动中心，宏村的汪氏宗祠便是这样。

> c）村外型（图2-51、图2-52）

图2-51
许氏宗祠遗址
来源：自摄

徽州山多地少，用地紧张，因此宗祠一般都位于村边和村中，建筑在村外的祠堂在徽州比较少见。这类宗祠往往其村落周边有开阔的用地，家族不会有生产用土地紧张之虑，歙县唐模的许氏宗祠就是这种实例。

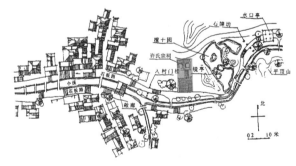

图2-52
许氏宗祠在唐模的位置
来源：《乡土园林研究初探》

（2）按功能对象分类

> a）氏族宗祠（图2-53）

这一类祠堂指一个宗族的宗祠或分支的支祠等，在徽州最为普遍，每个村庄、姓氏、支派几乎都有自己的祠堂，人们通常所说的祠堂就主要是指此类。

图2-53

叶氏宗祠——"叙秩堂"，张艺谋导演的电影《菊豆》主要拍摄地
来源：自摄

> b）先哲祠（图2-54）

图2-54

黟县西递七哲祠
来源：自摄

先哲祠主要是祭祀古代的圣哲之人。如西递的七哲祠主要是用来祭祀西递七大儒学大家而立。

> c）女祠（图2-55）

徽州女祠的诞生，一般认为是封建社会政治松散化倾向的产物，又是徽商兴盛的结果。在今天看来，女祠的诞生是中国"孝文化"的又一体现，但其内涵却不仅如此，它既是祭祀性空间，又是教化性和等级性空间，包含着对女性更深的禁锢和束缚。歙县棠樾清懿堂就是一座女祠。

图2-55

歙县棠樾清懿堂　来源：自摄

2）空间形态

（1）祠堂空间次序（图2-56~图2-58）

祠堂是严肃的礼制建筑，因此都会强调对称布局，用对称整齐和规则的平面布局来表达"礼制"中的尊卑。祠堂的三大主体空间——仪门、享堂与寝殿沿轴线纵向布置，寝殿最高，享堂次之，仪门最低，以此来突出主次分明的格局。在天井的两侧对称布置的廊庑层高较低，更加突出对称的布局形式。

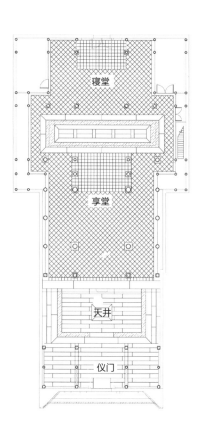

图2-56

黟县屏山舒光裕堂
平面图
来源：自绘

055

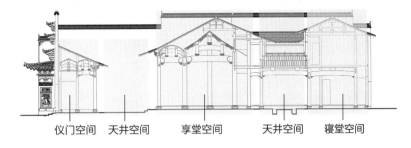

图2-57
黟县屏山舒光裕堂空间序列及流线图
来源：自绘

图2-58
黟县屏山舒光裕堂剖面及空间次序图
来源：自绘

> a）门坦空间（图2-59、图2-60）

　　门坦是祠堂空间序列的起点，平面近似为长方形。祠堂建筑通过扩大的门前空间，使空间的围合感发生变化，运用空间封闭与开敞的强烈对比，彰显祠堂地位的重要性。从建筑功能的角度而言，祠堂既是族人的祭祀场所，又是家族执法、婚丧嫁娶之地，即家族活动的聚集场所，其功能需要门前设置广场来满足各种活动的要求。

图2-59
黟县南屏叙秩堂门坦空间平面图
来源：自绘

图2-60
黟县南屏叙秩堂门坦空间
来源：自摄

> b) 仪门空间（图2-61、图2-62）

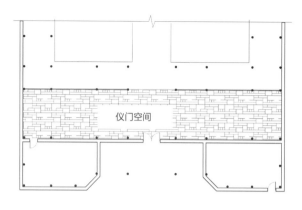

仪门，也称门屋，是进入祠堂的第一层室内空间，在整个祠堂里，门屋的面积最小，对内开敞，与天井相连，对外封闭。徽州地区有些祠堂的仪门空间也兼作戏台，在后面戏楼章节将会再作叙述，在此不再赘述。

图2-61

徽州区唐模尚义堂仪门空间平面图
来源：自绘

图2-62

徽州区唐模尚义堂仪门空间
来源：自摄

> c) 庭院、天井空间（图2-63~图2-66）

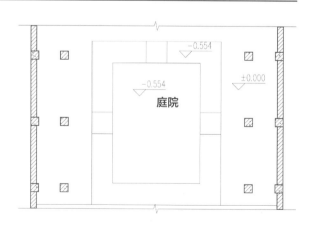

祠堂中每两进之间便有一个横向伸展的庭院或天井，由庭院串联祠堂的门屋，天井串联享堂与寝殿，形成层次丰富的空间序列。

图2-63

徽州区唐模继善堂庭院空间平面图
来源：自绘

图2-64

徽州区唐模继善堂庭院空间

来源：自摄

图2-65

徽州区潜口诚仁堂天井空间

来源：自摄

图2-66

祁门坑口陈氏宗祠庭院空间

来源：自摄

> **d）享堂空间**（图2-67～图2-70）

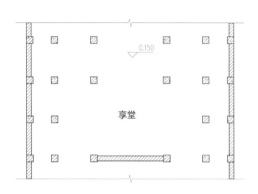

图2-67
徽州区唐模继善堂享堂空间
来源：自绘

图2-68
徽州区唐模继善堂享堂空间
来源：自摄

　　走过门屋，经过庭院，到达祠堂的第二层室内空间，也是祠堂内部重点装饰的空间——享堂。享堂的前檐完全敞开，便于族人行祭祀跪拜之礼，也是族老们平日议事的地方。享堂为一层或者两层。当享堂为两层时，楼下空间高敞，而楼上空间较为低矮，主要作为附属用房。

图2-69
黟县南屏叶氏支祠享堂空间
来源：自摄

图2-70
徽州区潜口义仁堂享堂空间
来源：自摄

> e）寝堂空间（图2-71~图2-74）

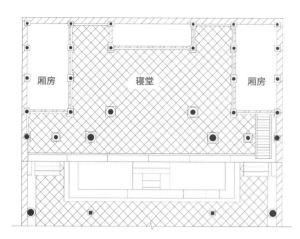

图2-71

黟县南屏叶氏宗祠寝堂空间平面图

来源：自绘

图2-72

黟县南屏叶氏宗祠寝堂，摆放着供奉着祖宗的牌位

来源：自摄

　　寝殿的进深比较浅，开间均为五间，空间趋于方正，环境幽暗，充满神秘氛围，有利于满足祭祀空间的精神需求。供奉祖先牌位的神龛置于明间正中处，神龛前设供桌，供桌上摆放祭祀用的供品等。有的寝堂分上下两层，近祖的牌位在一层供奉，远祖的牌位在二层供奉。

图2-73

婺源汪口俞式祠堂寝堂

来源：自摄

图2-74

徽州区唐模继善堂寝堂二楼空间

来源：自摄

> **f）厢房和廊庑空间（图2-75~图2-78）**

　　前后进通过围绕庭院的廊庑相连，这种做法称为"穿堂过厅"。当祠堂与戏台兼用时，廊庑空间一层为平民观演空间，二层为阁楼（包厢）观演空间。祠堂内也有厢房空间。

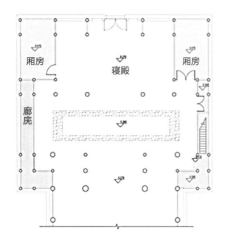

图2-75

某祠堂厢房与廊庑空间平面示意图
来源：自绘

图2-76

祁门潘村嘉会堂厢房空间
来源：自摄

图2-77

祁门坑口会源堂两边的廊庑空间，布置有供平民观演使用的座椅
来源：自摄

图2-78

徽州区唐模继善堂两边的廊庑空间，布置有供平民观演使用的座椅
来源：自摄

3. 书院

书院是中国封建社会特有的教育组织形式。它形成于唐，盛行于宋、元、明、清，前后存在了一千多年。徽州作为程朱理学的故乡，书院教育一直十分盛行，据不完全统计，仅宋元时期，徽州所建书院即有47所之多。至明清时，徽州新建和重建的书院至少有90所。

徽州的书院既是教育教学机构，也是学术研究机构，实行教学与研究相结合；书院盛行"讲会"制度，允许不同学派进行会讲，开展辩论；书院的教学实行门户开放，不受地域限制；书院教学一般采用自学、互问及集中讲解相结合的方法。发达的徽州书院对徽州文化产生了深远的影响。

徽州书院经历了初创（北宋）、兴盛（宋元明、清初中期）、衰落（清后期）三个时期。

北宋景德四年（1007年），安徽第一所书院——"桂枝书院"在徽州绩溪创立。其后徽州所辖六邑（歙县、休宁、祁门、黟县、绩溪、婺源）相继涌现出260余所书院。

自唐宋以来，徽州对教育便非常重视。宋元时期，徽州因"文风昌盛，儒学蔚兴，中举人、进士人数众多而获'东南邹鲁'之誉"。明时徽州书院讲学之风极盛。入清，更是"远山深谷，居民之处，莫不有师有学"。明、清时期徽商兴起，他们热心教育，不吝斥巨资兴办书院，书院教育由此趋于鼎盛。

到了清后期，统治者对书院采取抑制禁止的政策，曾令"不许别创书院，不许非议朝政"。光绪二十七年（1901年）清政府改革学制，正式下令改书院为学堂，结束了书院千余年的发展史。

1）书院的类型

对于书院的分类，一般按照主办机构来分，可以分为三类：官办书院、族办书院和私人书院。

按平面形制分，可以分为"礼"——中轴对称布局、"乐"——自由式布局、"礼乐相成"的群体布局观。

（1）按主办机构分类

> a）官办书院（图2-79）

官办书院是地方官员牵头，民间助资兴建的书院。官办书院一般选择交通与交流较为便捷的城镇中心位置，建筑布局一般采用中轴对称的方式，遵循礼制，一般为三进到五进。

还古书院属于官办书院，具有徽州书院建筑的共性，书院依山而建，共四进，第一进为门厅，第二进是讲堂，第三进是德邻祠，第四进是报功祠。

图2-79
休宁还古书院
来源：自摄

咸丰五年（1855年）毁于战火，遗址仅存瓦屋两间。

> b）族办书院（图2-80）

族办书院是由宗族创办的书院。族办建筑的选址要考虑环境和风水因素，建筑布局巧而得体。

图2-80
歙县雄村竹山书院
来源：自摄

竹山书院是书院和文会的综合体，主要建筑物有课堂书斋，先生食宿用房，文士聚会、休憩之所以及园丁管理用房等。

> c）私人书院（图2-81）

私人书院自古徽州就是研学者的地方，这些学者对社会和人生都有着自己的研究和独特的见解，为了讲学和传播理学需要，讲学者本人或其弟子也会创办书院，这就是私人书院。书院一般置于一个群山环抱、流水潺潺、绿荫掩映的环境之中，这样才能促使文人学子修身养性、感悟人生。

图2-81

歙县古紫阳书院
来源：自摄

紫阳书院分为前、中、后三进，前为书楼，中为明伦堂，后为宸奎阁。后来，该书院在战乱中沦为废墟，如今在其遗址附近仅存在紫阳书院牌坊。

（2）按平面形制分类

> a）"礼"——中轴对称布局（图2-82）

"礼"对中国古代社会的影响不仅表现在思想观念上面，而且深入到社会生活的各个层面。礼的思想反映在建筑布局上则为:以居中为尊，力求中轴对称，通过轴线层次序列，以别尊卑、上下、主次、内外。

图2-82

休宁还古书院图
来源:《十户之村不废诵读：徽州古书院》

> b）"乐"——自由式布局（图2-83、图2-84）

"乐"的思想表现在建筑布局上就是指不严格对称，无明显的主次之分，根据需要的自由组合、宜人的空间尺度和体量。"乐"的这种特点主要体现在书院建筑的辅助建筑部分。

图2-83

歙县雄村竹山书院
来源：自摄

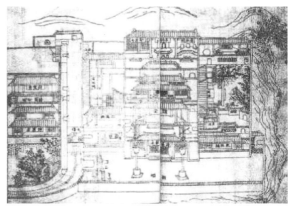

图2-84

休宁海阳书院图，主要建筑部分采用对称布局方式，但是辅助部分则是自由式布局
来源：《十户之村不废诵读：徽州古书院》

2）空间形态

徽州书院一般由功能性空间和非功能性空间两大部分构成。功能性空间主要包括大门、门厅、讲堂、斋舍、食堂和藏书楼等，辅助功能性空间一般包括庭院、文庙（或先贤祠）、纪念性祠堂等。前者主要用于讲学和为讲学服务，后者则充分体现了书院的又一功能——祭祀。（图2-85）

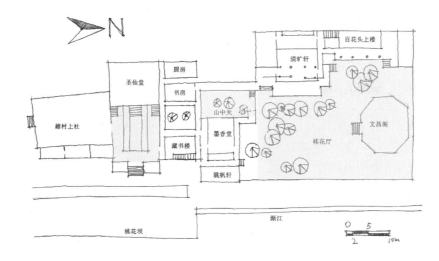

图2-85

歙县雄村竹山书院功能分区图
来源：自绘

徽州书院的入口一般都有一个牌坊式门楼，有建筑入口进入会有一个门厅，一个照壁或屏风，在门厅里会有具有教化意义的楹联。

图2-86

徽州某书院入口
来源：自摄

图2-87

黟县宏村南湖书院
入口大门，屋宇式
入口形式
来源：自摄

> b）讲堂空间（图2-88～图2-92）

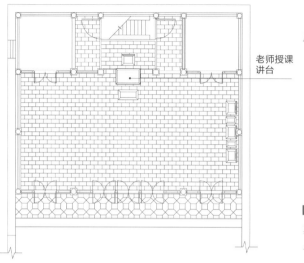

老师授课讲台

徽州讲会制度兴盛，主讲坐席，其他学者环列以听。

图2-88
黟县南屏抱一书屋讲堂空间平面图
来源：自绘

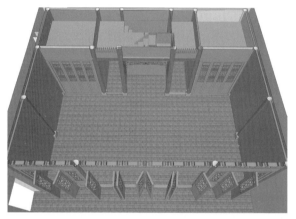

图2-89
黟县南屏抱一书屋讲堂空间三维模型，主讲坐席，大堂为学生读书听学之所
来源：自绘

图2-90
黟县南屏抱一书屋讲堂空间，可见讲台以及桌椅板凳
来源：自摄

图2-91

黟县宏村南湖书
院讲堂空间，在
堂上布置桌椅板
凳供学生学习
来源：自摄

图2-92

黟县雄村竹山书
院讲堂空间，上
供孔子教学图
来源：自摄

> **c）藏书楼空间**（图2-93、图2-94）

　　徽州书院自起源即与书结下不解之缘，藏书楼是徽州书院的重要组成部分，为二层或多层阁楼式建筑。

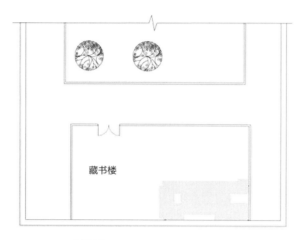

图2-93

歙县雄村竹山书院藏书楼平面图

来源：自绘

图2-94

歙县雄村竹山书院藏书楼，现作展览空间

来源：自摄

> **d）斋舍和食堂空间**（图2-95）

　　学生需要宿舍，教师也要休息、住宿、吃饭，因此，斋舍和食堂也是必需的。当然有些规模较小的书院，也可能没有斋舍和食堂。

图2-95

歙县雄村竹山书院食堂

来源：自摄

> e）祭祀空间（图2-96）

书院除了具有讲学功能的讲堂空间外，祭祀空间也是书院较为重要的部分。

图2-96

歙县雄村竹山书院文昌阁，楼下祭祀关羽，楼上祭祀文昌帝君

来源：自摄

> f）庭院空间（图2-97）

徽州书院内都有大面积的园林空间，通过廊道空间和建筑连接起来。

图2-97a

歙县雄村竹山书院一处内庭供学生课间休憩游玩之用

来源：自摄

2-97b

歙县雄村竹山书院桂花厅

族约：族中子弟凡中举者，可在庭中植桂树一棵，以示"蟾宫折桂"，将步入仕途。

来源：自摄

4. 戏楼

戏楼，又叫戏台，是中国传统戏曲的演出场地。徽州的文化源远流长，现保存明清时期的各类建筑数以万计，特别是祁门县的新安乡、闪里镇一带的古戏台建筑能完整地保留至今，在全国也是罕见的，说明了古徽州人极其热爱演剧活动。这些戏台内容丰富，极富地域性特点，且具有代表性，它们以"布局之工、结构之巧、装饰之美、营造之精"而被世人称奇。不仅可以体现中国古代民间建筑的艺术风格，更体现了几百年前古徽州经济文化的重要特征和乡风民俗。

徽州戏剧早期以民间在村中空旷平坦场地上演为主。随着徽班在徽州地区的活跃，明末清初，戏台的构筑也随之兴盛，戏剧表演场所相对固定。一般徽州的戏剧表演场所由戏台（台面布景道具简单，但顶部有设藻井提高音响效果）、后台和观众席（女眷观戏场所隐蔽、固定，一般在二楼。男眷观戏场所开敞、不固定，一般在一楼）组成。

徽州古戏台大都设在祠堂里，从外观上看和祠堂共为一体，其共同点是外墙很实，底部用条石做基础，顶部做成跌落形或弧形，用青瓦覆顶，端部形似马头，对外一般不开窗户，与巷道相通的为两侧耳门，大门在正面。戏台位于祠堂内前部，与享堂相对，这是有别于其他地区戏台设置的典型特征之一。固定式戏台和活动式戏台的形制视情况而定，朝向随祠堂，并与享堂相反，从现存古戏台来看，固定式戏台，祠堂一般不设大门或门楼，有的仅在两侧设门进出。而活动式戏台，祠堂均设大门和门楼，有的无需拆卸，可开启大门，由戏台下入内，这是由于在结构处理上，后台退让大门开启的位置所致。

徽州古戏台除了设在祠堂里之外，还有一种单幢式。戏台的支撑结构、构成方式和屋顶构造是一个完整统一的整体，其特点是构造简单。这类戏台一般建在村庄中心，台下没有围墙，观众容量大。

值得注意的是藻井在徽州古戏台上的运用。在戏台明间（演出区）的正中央天花处，设有层层上叠、旋收成屋顶的弯井，名曰"藻井"，其作用不仅在于装饰美观，更主要的是藻井所形成的回声能产成强烈的共鸣，使演员的唱腔显得更加珠圆玉润，观众在远处也能听得清楚。最初的藻井，除装饰外，有避火之意。后来人们在使用过程中又发现了其物理特性——吸声和共鸣，这种发现，自然而然地被运用到戏台建筑当中。

1）戏楼的分类

徽州古戏台按其服务对象可分为家庭戏台、祠堂戏台和寺庙戏台。在徽州，祠堂戏台是建得最多的一种戏台，也是至今保存最多的戏台，本节主要以祠堂戏台作为阐述对象。

祠堂戏台以祠堂的前进门屋作为戏台，这种戏台又被分为两种形式：活动戏台和万年台。

> a）活动戏台（图2-98、图2-99）

　　戏台与祠堂仪门空间合为一体，不唱戏时是祠堂的通道，装上台板，就是戏台，这种戏台被当地人称之为"活动戏台"。

图2-98

祁门珠林徐庆堂古
戏台

来源：自摄

图2-99

祁门上滩和顺堂古
戏台

来源：自摄

> **b）万年台**（图2-100）

万年台也称作固定式戏台，是指只有演戏一种功能，台基为固定式，不能随意拆卸的戏台。

图2-100
祁门坑口会源堂古
戏台（这是笔者在
徽州地区发现的现
存仅有的万年台）
来源：自摄

2）空间形态

古戏台祠堂的基本平面布局一般为三开间或五开间，戏台为门厅部分，中进享堂，后进为寝堂，天井两边为廊庑，部分前进廊庑建成观戏楼，又被今人称作"包厢"。戏台、两侧观戏楼（或廊庑）、对面享堂以及中间的天井，共同围合成一个标准的四合院，形成一个类似剧场的建筑空间。（见图2-101）

戏台部分的空间可分为前台空间、后台空间、文武乐间、观戏空间。

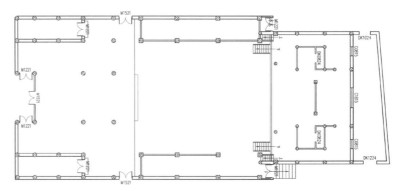

图2-101
祁门叶源聚福堂
平面图
来源：自绘

> a）前台空间（图2-102~图2-105）

　　前台即表演区，徽州古戏台的表演区一般呈三开间形式，明间添以两方柱，形成木照壁，其前方两侧为上下场的门。前台空间上方一般会有藻井，主要有增加高度和产生回声两个作用，从而使演员的唱腔更加饱满圆润。

图2-102

祁门上汪叙伦堂前台空间，三开间形式，较为宽敞

来源：自摄

图2-103

祁门坑口墩典堂古戏台前台空间，空间较大较宽敞

来源：自摄

图2-104

祁门磻村嘉会堂戏台上的藻井，提升高度产生的回声使得演员唱腔更圆润。藻井有后期修复的痕迹
来源：自摄

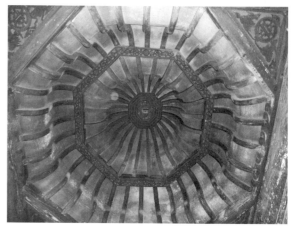

图2-105

祁门珠林馀庆堂古戏台上方藻井，层层叠上，保存较为完整
来源：自摄

> b）后台空间（图2-106～图2-108）

木照壁后侧为后台。后台既是存放戏班演出用具，演员化妆、装扮的所在，又是分派角色、等待上场、催戏、监场的地方。后台一般面积不大，一切事物由戏班总负责指挥。

图2-106

祁门珠林馀庆堂古戏台后台空间
来源：自摄

图2-107

祁门坑口会源堂古戏台后台空间
来源：自摄

图2-108
祁门磻村嘉会堂古戏台后台空间
来源：自摄

> c）文武乐间（图2-109、图2-110）

中国戏曲将伴奏队称作"文武场"或"文武场面"。文场是管弦乐，主要用以伴奏演唱，武场是打击乐，主要用以衬托动作。

图2-109
祁门坑口会源堂古戏台文武乐间
来源：自摄

图2-110
祁门坑口墩典堂古戏台文武乐间
来源：自摄

> d）观戏空间（图2-111～图2-113）

戏台、享堂所围合的天井空间是群众观戏空间。戏台所在的前天井两侧多建有观戏楼，是当地有名望、有地位的达官贵人观戏的场所，也就是包厢。

图2-111
祁门坑口会源堂古戏台观戏空间，此空间设置在与享堂相连的庭院空间中
来源：自摄

图2-112
祁门上汪叙伦堂观戏楼
来源：自摄

图2-113
祁门珠林馀庆堂观戏楼
来源：自摄

5. 观景楼

　　观景楼为登高观景、品茶聚友、凭栏远眺之场所，一般位处村中街巷交会节点处或村外围边界处，建筑形式也一反徽州建筑封闭的个性，临街临景利用围栏、美人靠形成灰空间，使建筑呈现出通透开敞的特征。此类建筑有时也作为村中民活动场所。

　　西递大夫第绣楼，原为户主归隐回乡后读书会友、小酌放眼的场所，建筑临街面悬空挑出一座小巧玲珑、古朴典雅的亭阁式建筑，阁顶飞檐翘角，阁身三面围栏排窗，在村落巷景中显得既突兀又别致（图2-114），此建筑现为表演民俗——抛绣球的场所。黟县南屏孝思楼（俗称小洋楼），也属此类建筑，该楼位于南屏村边界处，主体建筑三层，四层为一亭式空间，四周设有围栏，登楼远眺或坐于亭中，村野风光尽收眼底。此楼原为叶氏家宅，现为特色旅馆（图2-114、图2-115）。

位于黟县西递村"大夫第"宅居内。彩楼小巧玲珑；飞檐上翘，木栏杆典雅精致。楼额正面朝街之额匾为"桃花源里人家"六字，边额朝向村外山野，为清代进士祝世禄手书"山市"二字。

图2-114
黟县西递绣楼
来源：自摄

图2-115
黟县屏山小绣楼
来源：自摄

6. 商业建筑

明清以来，商品经济发展，市民阶层兴起，徽州"仰给四方"的外向性经济发展迅猛，使徽州与杭州、赣州等地贸易交流频繁。农业经济中的集市交换渐渐被经常性的、规模档次更大的商业和手工业的集市商业街区所代替。终有"无徽不成镇"之说，故商业建筑是徽州建筑的重要类型。

徽州地区的商业建筑最主要的特色是亦商亦宅亦坊，这种多功能混杂的建筑多由店铺、宅院、作坊、储藏、后院等构成，因经营方式、所处环境、地形等因素，各组成部分的空间随之变化，各有侧重。但建筑多为二层，临街或临公共活动区的底层店铺为整开间的木铺板门，可活动拆卸，根据商业活动情况，灵活变动。

商业建筑分类有很多种，从不同方面有不同的分类。以经营方式分可以分为商贸型、服务型和作坊型。

商贸型　以商品贸易为主，如米铺、官盐行、茶叶铺等。这类建筑作坊场所可无，重点是店铺空间，同时中转货物的储藏空间较大。宅室位于后部或二楼。

服务型　以为附近居民服务为主，如裁缝铺、理发铺等。这类建筑的作坊、储藏场所可无，相对来说，总体建筑面积较小。宅室位于后部或二楼。

作坊型　家庭祖传手工制作商品的"自产自销"经营模式，如豆腐坊、笔砚坊等。这类建筑因制作产品的不同，坊的建筑空间形式差别较大。但基本是头进为"销"，二进为"产"，三进或二楼为"宅"。

以所处环境分可以分为码头、集镇的商业建筑和村落中的商业建筑。

码头、集镇的商业建筑　古徽州稍大的商贸集镇，多附属水运码头，以商贸为主，依靠顺畅的水路运输，承担着徽州地区的特产销出与商品引进。因而，集镇的商业建筑规模较大，储藏空间也较大。如地形许可，则建后院直通水道。

村落中的商业建筑　位于村中主要巷道或活动中心，主要的经营方式为商贸（杂货）、服务和作坊。这类建筑往往带有沿水圳的街廊，满足村民购物、休闲、交往的悠然生活方式。它们形式多变，规模较小。店铺不大，作坊适用，宅居舒适，生意讲究的是熟门熟路，方便族人。

1）平面形制

徽州商业建筑按照建筑形式分可以分为前店中坊后宅、前店后宅、下店上宅后坊和下店上宅四种形式

> a) 前店中坊后宅 (图2-116)

前店中坊后宅，前进为"铺"，对外开大门，两侧设柜台；过小门，二进为"坊"，空间较高，有的还设直通屋顶的天窗，改善工作环境；三进为"宅"，与二进通过天井相连，楼上作储藏。

> b) 前店后宅 (图2-117)

前店后宅，前进为"铺"，后进为"宅"，二楼为储藏。

图2-116
泾县章渡某宅一层平面图
来源：自绘

图2-117
泾县黄田某宅二层平面图
来源：自绘

> c) 下店上宅后坊 (图2-118)

下店上宅后坊，底层前进为"铺"，后进为"坊"，宅居位于店铺二楼。

一层平面图

二层平面图

图2-118
三河某宅平面图
来源：自绘

> d) 下店上宅（图2-119）

下店上宅，底层为商业店铺，二层为宅居。

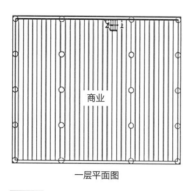 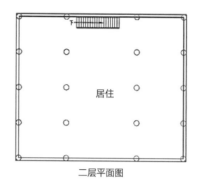

一层平面图　　　　　　　　　二层平面图

图2-119

歙县渔梁某宅平面图
来源：自绘

2）空间形态

徽州商业建筑是由宅居空间拓展而来，宅居、店铺、作坊以天井组合一进一进使用空间，而店铺和作坊则随使用功能对空间的不同要求随之变化。

> a) 店铺空间

店铺空间一般会陈列各种商品，并留有一定空间供交易活动之用。徽州店铺主要以经营杂货、粮油、布匹等日常生活用品为主，主要服务于城镇居民和批发商人。

> b) 作坊空间

若是自产自销的经营方式，在店铺空间后常会衍生出作坊空间进行商品制作，由于生产产品工艺流程的空间要求，空间差异较大。

7. 牌坊

牌坊是封建社会为表彰功勋、科第、德政以及忠孝节义所立的建筑物。也有一些宫观寺庙以牌坊作为山门的，还有的是用来标明地名的。

在古徽州，这一独特的建筑造型，深受程朱理学的徽文化浸染，与徽州三雕的艺术形式结合，被赋予了深刻的文化、社会、历史内涵。徽州的牌坊是弘扬儒家伦理道德观的纪念性建筑，也是徽州村落整体风貌的重要元素。牌坊被视为"徽州文化的一种物化象征，是徽州文化的缩影和特质的显示"（《徽州文化》高寿仙）。

徽州牌坊的类型可按材质、空间形式、建筑形成、精神功能趋向几种方式分。其中以精神功能趋向分可分为"忠"坊、"孝"坊、"节"坊、"义"坊、科举坊、功德坊六大类。

徽州牌坊的组合类型主要包括：纵深排列、"一"字排列、"丁"字型组合。

1）牌坊类型

（1）按建筑材质分类

a）木牌坊： 以木质为主要建材，榫卯结构，如
歙县昌溪村的昌溪木牌坊。这类牌坊因材料特性难
以保存，现实存颇少（图2-120、图2-121）。

图2-120
歙县昌溪村的昌溪木牌坊
来源：歙县志一级目录彩插

昌溪木牌坊，位于歙县昌溪村，员公支祠前。建于清代中叶，四柱三楼，
宽8.8米，高7米。四柱石质，用抱鼓石支撑。上部木质，有月梁、额枋，
斗栱置于额枋之上。顶为重檐庑殿式。明间高出次间一层，匾上书"员公支
祠"四个大字。高领垂脊，八角翘起，小青瓦，圆檐滴水，檐板红漆雕花。
现为歙县重点文物保护单位。

图2-121
歙县昌溪村的昌
溪木牌坊
来源：自摄

b）**石质牌坊：** 以石质为主要建筑材料，这类牌坊现存较多，形式多样。如黟县西递村的胡文光刺史坊（图2-122、图2-123）。

图 2-122

黟县西递村的胡文光刺史坊局部

来源：自摄

胡文光刺史坊，位于黟县西递村前。建于明万历年间，1578年，清乾隆、咸丰年间曾修葺。现为安徽省重点文物保护单位。

图 2-123

黟县西递村的胡文光刺史坊全貌

来源：自摄

（2）按空间形式分类

a）平面型： 即牌坊的平面为"一"形。如徽州区唐模村同胞翰林坊（图2-124）。

图2-124

徽州区唐模村同
胞翰林坊
来源：自摄

位于徽州区唐模村村口檀干园前山古道中间。建于
清康熙年间，牌坊跨道而立，三间三楼、四柱冲
天。通体采用茶园石筑成，上雕飞禽走兽和各种图
案，基座上有石狮四只。此坊为旌表唐模村许承
宣、许承家兄弟而立，两人于康熙朝皆中进士，一
授编修，一授庶吉士，均属翰林院，故有"同胞翰
林"之称。

b）立体型（图2-125～图2-127）：即牌坊由四面牌坊围合成平面为正方形或长方形
的立体形式，而不同面的牌坊可能为三间四柱五（三）楼，也可能为单间双柱三楼。如歙
县县城许国牌坊。

图2-125

歙县县城许国牌坊
来源：自摄

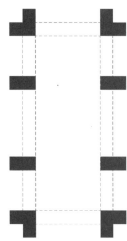

图2-126
许国牌坊平面示意图
来源：自绘

许国牌坊是一座全部采用青石仿木构造建筑的石牌坊，因其有8根粗达半米见方的巨石顶天立地，故俗称"八脚牌坊"。

图2-127
歙县县城许国牌坊
来源：自摄

（3）按建筑形式分类

a）冲天柱式（图2-128）：即牌坊柱穿檐出头。从现存实物看，清代石牌坊此种类型较多。如歙县雄村四世一品坊。

图2-128

歙县雄村四世一品坊
来源：自摄

四世一品坊为曹氏新厅门坊，灰凝石，三间三楼四柱冲天，宽8.6米，高11米。中间三楼字匾上刻"四世一品"四字。二楼额坊上刻曹文植及其父、伯、祖父、曾祖四世姓名及诰赠、诰授一品的官衔。

b）屋宇式（图2-129）：即牌坊柱不出头，置于坊檐底部止。清代以前石牌坊多为此种类型。如绩溪县大坑口村奕世尚书坊。

图2-129

绩溪县大坑口村
奕世尚书坊
来源：自摄

奕世尚书坊，位于绩溪县大坑口村。建于明嘉靖四十一年（1562年）。主体结构由4根柱、4根定盘坊和7根额坊组成，高10米，宽9米。系用花岗石和茶园石搭配凿制而成。奕世尚书坊现为安徽省省级文物保护单位。

2）牌坊的组合类型

（1）纵深排列：单体牌坊沿纵深方向有组织排列。如棠樾牌坊群（图2-130、图2-131）。

图2-130

歙县棠樾牌坊群

来源：自摄

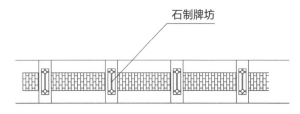

图2-131

棠樾牌坊平面示意图

来源：作者绘制

棠樾牌坊群位于安徽歙县郑村镇棠樾村东大道上。共7座牌坊，明建3座，清建4座。3座明坊为鲍灿坊、慈孝里坊、鲍象贤尚书坊。鲍灿坊旌表明弘治年间孝子鲍灿，坊阔9.55米，进深3.55米，高8.86米，建于嘉靖年间，清乾隆年间重修。近楼的栏心板镌有精致的图案，梢间横坊各刻三攒斗栱，镂刻通明，下有高浮雕狮子滚球飘带纹饰的月梁。四柱的磉墩，安放在较高的台基上。

（2）"一"字排列：单体牌坊"一"字排列。如歙县郑村忠烈祠前的司农卿坊、忠烈坊、直秘阁坊三牌坊的组合（图2-132、图2-133）。

图2-132

歙县郑村忠烈祠牌坊

来源：http://blog.sina.com.cn/s/blog_662ff8780102dry0.html

位于歙县郑村忠烈祠前，共有三坊：忠烈祠坊、直秘阁坊、司农卿坊。三坊建于明正德年间（1510年），白麻石质，鳌鱼吻纹头脊，挑檐下为仿木结构的一组斗栱，都有高浮雕的花纹。忠烈祠坊四柱三间五楼，通面阔8.45米，进深2.6米，高10米；直秘阁坊二柱一间五楼，通面阔4.15米，进深2.6米，高8.5米；司农卿坊规模基本同直秘阁坊。忠烈祠坊为崇祀远祖汪华而建，直秘阁坊为旌表宋直秘阁汪若海而立。司农卿坊为旌表宋司农少卿汪叔詹而立。三坊并列矗立，气宇不凡，现为安徽省重点文物保护单位。

石制牌坊

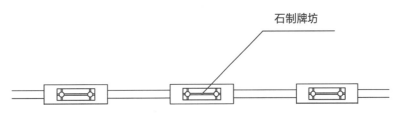

图2-133

忠烈祠牌坊平面示意图

来源：自绘

（3）"T"字形组合：单体牌坊"T"字形组合。一般位于"T"字形街口，三座牌坊各踞一路口，取"品"字形之势。如婺源县甲路村"T"字形路口的三座石坊曾各踞一路口，呈"品"形组合（图2-134）。

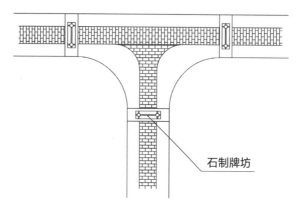

石制牌坊

图2-134

甲路村"T"字形路口的三座石坊曾各踞一路口，呈"品"形组合示意图
来源：自绘

8. 桥

桥是为了跨越水面或山谷而修建的一种建筑。

徽州地区多水多山，在科技不甚发达的时代，桥就成为连接河两岸，山两边的唯一途径。可以说水成就了桥这一独立的构筑物，特殊的空间形态，"近水而非水，似陆而非陆，架空而非架空"。桥是水、陆、空三系统的交叉点和聚集点，成为极为重要的依水景观。山于村落环境以山环水抱为贵，村落往往通过桥与外界相联系。无论是作为村落主要的流线组织，还是景观序列，桥梁都具有不可替代的作用。在徽州，人们都认为桥具有"关锁"水流的作用，为增加水口的闭合，往往将桥设在水口地区，周围再辅以堤、树、亭等元素。在村落，桥本身既是构成风景的元素，也是村民观赏其他景色的地点。

桥的类型按建筑形态可以分为廊桥、亭桥、屋桥以及敞桥等。按建桥材料来分，可以分为木桥、石桥、砖桥、竹桥等。

1）桥的类型

（1）廊桥：廊与敞桥垂直叠加。如江西婺源清华彩虹桥（图2-135、图2-136）。

图2-135

江西婺源清华彩虹桥
来源：自摄

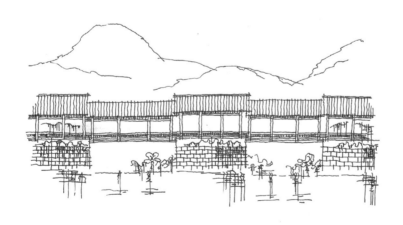

图2-136

婺源清华彩虹桥示意图
来源：自绘

彩虹桥是廊桥的代表作。婺源清华彩虹桥取唐诗"两水夹明镜，双桥落彩虹"之意。桥长140米，桥面宽3米多，四墩五孔，由11座廊亭组成，廊亭中有石桌石凳。彩虹桥周围景色优美，青山如黛，碧水澄清，坐在这里稍作休憩，浏览四周风光，会让人深深体验到婺源之美。

（2）亭桥：亭与敞桥垂直叠加。如江西婺源古坦桥（图2-137、图2-138）。

图2-137

江西婺源古坦桥（已被大水冲毁）
来源：自摄

图2-138

婺源古坦桥示意图
来源：自绘

（3）屋桥：屋宇与敞桥垂直叠加。如歙县许村高阳桥（图2-139、图2-140）。

图2-139

歙县许村高阳桥
来源：自摄

图2-140

高阳桥示意图
来源：自绘

————

高阳桥，又称离合桥。桥下的河叫做昉溪，属双孔石墩廊桥，建于元朝，明朝改成石拱桥，后多次翻修。桥上有廊，桥里面挂着灯笼，还设有佛座，供着观音菩萨。过了桥右手边是码头遗址。下廊桥往前是一座石牌坊，大概有五楼高，上刻"双寿承恩坊"，雕工十分精美。是明朝时候朝廷为许村的一对百岁夫妻而立的牌坊，在全国是极为罕见的。

（4）敞桥。如黟县南屏万松桥（图2-141、图2-142）。

图2-141

黟县南屏万松桥
来源：自摄

图2-142

黟县南屏万松桥
来源：自摄

徽州南屏村外有一河，名武陵溪。河上石桥建于清嘉庆七年（1803年），距今200余年，因位于万松亭畔故取名万松桥。桥长36米，宽4美，高5米。桥头有桐城派先贤姚鼐所作《万松桥记》石碑。

9. 亭

1）亭的类型（按功能分）

（1）路亭：路亭在徽州古亭中数量最多，古时就有"十里一长亭，五里一短亭"的说法，道教圣地齐云山也有"九里十三亭"之说。如徽州区潜口善化亭（原坐落在歙县许村东沙塍杨充岭石路旁）（图2-143）。

图2-143

徽州区潜口善化亭
图片来源：自摄

该亭建于明嘉靖辛亥年（1551年），系许岩保捐资建造，意在行善，故名善化亭。亭石柱、木架、小青瓦、歇山顶，飞檐脊瓴，正脊与翘角都饰有龙吻。平面呈方形，石柱侧脚尤为明显。亭内花岗石铺地，两旁装置花岗石长条石凳，可供行人歇脚休憩。虽经数百年风雨摧残，此亭仍岿然屹立，风韵独存。

（2）纪念亭：为纪念历史上某人某事而建的亭，称之为纪念亭。此类亭在古徽州不太多。如徽州区棠樾骢步亭（图2-144）。

图2-144

歙县棠樾骢步亭

图片来源：自摄

位于歙县棠樾牌坊群中，明隆庆年间鲍献书偕侄元臣建，后屡圮屡修。"骢步"典出《列异记》，标示建亭者心存祖道，乐善好义，且有远大前程。亭为单檐攒尖方亭，甬道贯通东西，南北两边有石凳、飞来椅，亭内四柱，上有横枋承托藻井天花。

（3）景观亭：把亭作为名胜中的主体观赏对象或附属景观，供人流连观赏，鉴赏玩味。徽州这类古亭很多。如徽州区西溪南村绿绕亭（图2-145）。

图2-145

徽州区西溪南村绿绕亭

来源：自摄

绿绕亭位于徽州区西溪南村老屋阁东南墙脚下池塘畔。建于元致和元年（1328年），明景泰年间（1456年）重修。亭平面近正方形，通面阔4米，进深4.36米，高5.9米。亭结构和雕饰风格与老屋阁相似，惟月梁上绘有包袱锦彩绘图案，典雅工丽，有元代彩绘遗韵。亭临池一侧置"飞来椅"。在亭中近可观繁茂场圃，远可眺绿茵田畴。明著名书画家祝允明曾作《东畴绿绕》一诗赞咏。现为国家重点文物保护单位。

（4）观景亭：这类亭大多在黄山和齐云山风景区。在黄山风景区盘山道旁的合适位置与角度，历代多建观景亭，以供游人尽览美景、骋目抒怀和休息。如黄山景区曙光亭（图2-146）。

图2-146

黄山景区曙光亭
来源：自摄

————

曙光亭，原名文光亭。位于黄山景区北海宾馆对面的狮子峰背上，下临散花坞，面对始信峰。至此可观日看曙光，故名。四柱四角，面积约10平方米。

（5）碑亭：建亭专为放功德碑或置名人书法石刻，供后人学习鉴赏。这类亭在古徽州甚少。如徽州区唐模村"檀干园"镜亭（图2-147）。

图2-147

唐模村"檀干园"镜亭
来源：自摄

————

镜亭的建筑结构十分精巧。亭外留有石砌平台，亭内四壁用大理石砌筑，上嵌历代名家书法18方，分别刻有朱熹、苏轼、倪元璐、赵孟頫、文徵明、查士标、米芾、蔡襄、黄庭坚、董其昌、祝允明、罗洪先、罗牧、程京萼、陈奕禧、八大山人等人的行草书和陆岳的篆体、郑燮的分书。碑刻石质细腻，石刻精美，铁画银钩，龙蛇隐壁，气势恢宏。

10. 塔

塔原本是佛教建筑的一种，但是在徽州地区，塔主要位于村落水口，被附以风水意义。徽州塔的尺度较小，比例适中，讲究形态，以砖石材料为主。

塔在徽州古村落水口中规格较高，它原本是佛寺建筑的一种，但为博大精深的徽州文化所融合展现出千姿百态的风采。塔的建筑被徽州民众所接受并应用到水口建筑中，在培文脉，壮人文，发科甲的思想影响下，或立于山上或立于河岸，用以扼住关口，留住财气或兴文运等。

徽州塔，按其功能区分，大致可以分为佛塔、风水塔、文峰塔。按其材质区分，分为石塔和砖石木混合塔两种，形式多为阁楼式塔。

1）塔的类型

（1）佛塔：建塔以置佛座、放佛像、镌佛字以及埋叙重要佛教资料为目的，多随寺庙先后建立。如歙县的长庆寺塔（图2-148）。

图2-148

歙县长庆寺塔
来源：自摄

长庆寺塔，位于黄山市歙县城西练江南岸西干山。此处原有10座寺庙，其中长庆寺旁有一塔，即长庆寺塔。今寺毁塔存，又称十寺塔。该塔于北宋重和二年（1119年）由歙县黄备人张应周捐善修建，距今已有近九百年历史。

（2）风水塔：建塔旨在弥补山川之缺憾，或"驱妖镇魔"，以冀人杰地灵之目的。如黟县柯村乡的旋溪塔（图2-149）。

图2-149
黟县柯村乡旋溪塔
来源：自摄

旋溪塔位于黟县柯村乡旋溪村，始建于清代乾隆元年（1736年），清代咸丰元年（1851年）曾经重修。该塔是一座砖、木、石结合，以砖为主体的古代艺术建筑。塔身高约七丈，平面呈六角形，共分五层，下大上小，飞檐翘角。塔顶为钻尖形，尖端配以彩瓷葫芦顶，更加显得宏伟挺拔，古朴精美。

（3）文峰塔：建塔旨在文运昌盛，人才荟萃。如岩寺镇的岩寺文峰塔（图2-150）。

图2-150
岩寺镇岩寺文峰塔
来源：自摄

岩寺文峰塔又称水口塔或岩寺塔，位于今安徽省黄山市徽州区岩寺镇北郊的原入村口，至今已有近五百年历史，现为省重点文物保护单位。

三、徽州建筑结构与构造

1. 承重结构类型

中国古代木构架有抬梁、穿斗、井干三种不同的结构方式。抬梁式木构架，即柱顶上抬着梁架，梁上置短柱，柱上再抬梁，上梁依步架而逐层缩短，最上一层梁中部立脊瓜柱而形成的三角形屋架。在相邻的两梁架间，用枋联系，在各层梁的梁端和脊瓜柱上架檩，檩间布椽，构成房屋的空间骨架，以承屋面重量，挑檐重量通过斗栱、柱传至基础。抬梁式木构架室内空间大，多用于规模较大的建筑。穿斗式木构架，即以柱直接承檩，不用梁的木构架。进深方向按檩数立一排柱，柱间用穿枋组合成排架形式，再用斗枋将每间一组的排架联系起来，形成框架。在柱的上端承檩，下端落在柱顶石之上，并用地栿相连，以加强其整体性。穿斗式木构架结构轻盈，用材较省，南方地区和西南地区民居多使用。而井干式结构是将圆木或半圆木两端开凹槽，组合成矩形木框，层层相叠作为墙壁——实际是木承重结构墙。这种方式由于耗材量大，建筑的面阔和进深又受木材长度的限制，外观也比较厚重，应用不广泛，一般仅见于产木丰盛的林区。

而徽州地区盛产木材，先秦以前，山越人就构筑有干栏式建筑，并具有相当高的木构技术。从汉唐至南宋，为避战乱迁入徽州的北方名门望族，引入了中原木结构梁柱为承重骨架方法，包括官式建筑做法。

徽州建筑结构，是吸收了江南穿斗式、北方抬梁式的优点，而衍生出的具有地方特色的结构体系，其主要特征是：将中国木构体系中的抬梁式和穿斗式结合，生成了新的结构体系——抬梁穿斗混合式结构体系。这种结构体系兼收了抬梁式和穿斗式结构之长。叠梁式是抬梁式的别称，由柱上层层叠梁而得，能获得较大空间，硕大梁柱很有气势；穿斗式柱间由穿枋联系，营造容易，简练灵活，节省木材。这种结构体系能很好地根据建筑本身特点变通。

1）穿斗式构架及其特点（图3-1、图3-2）

图3-1

穿斗式构架示意图
来源：自摄

穿斗式构架特点是沿房屋的进深方向按檩数立一排柱，每柱上架一檩，檩上布椽，屋面荷载直接由檩传至柱。每排柱子靠穿透柱身的穿枋横向贯穿起来，成一木品构架，多用于民居和较小的建筑物。因此，在我国南方长江中下游各省，保留了大量明清时代采用穿斗式构架的民居。

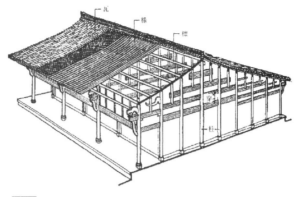

图3-2
穿斗式构架模型图
来源：《中国建筑史》（潘谷西）

2）抬梁式构架及其特点（图3-3、图3-4）

抬梁式构架是在柱顶或柱网上的水平铺作层上，沿房屋进深方向架数层叠架梁，梁逐层缩短，层间垫短柱或木块。相邻屋架间，在各层梁的两端和最上层梁中间小柱上架檩，构成双坡顶房屋的空间骨架。此种结构体系使用范围广，在宫殿、庙宇、寺院等大型建筑中普遍采用。

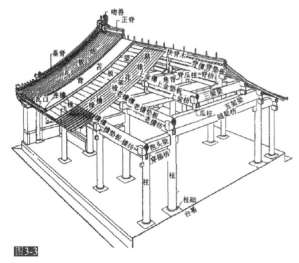

图3-3
抬梁式构架示意图
来源：《中国建筑史》（潘谷西）

图3-4
抬梁式构架模型图
来源：自摄

3）徽州传统建筑抬梁穿斗混合式结构类型及特点（图3-5~图3-12）

徽州祠堂，需要威严的气度和肃穆的氛围，以叠梁插梁为主，仅山墙面和卷棚以上部分用穿枋。

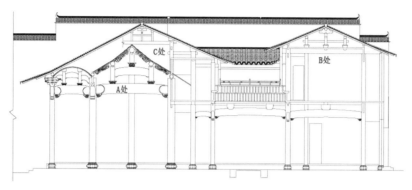

图3-5

屏山舒光裕堂大菩萨厅剖面图
来源：自绘

屏山舒光裕堂大厅（如图3-5A、B、C处）为使空间开敞、庄重，采用承重大梁联系前后柱，省去中柱，大梁上再置小梁，之间以瓜柱相连，具有抬梁特征；大梁不是顶在柱头上，而是插入柱身的卯口内，形成横向榫卯关系，具有穿斗特征，边跨则是采用穿斗式木构架。

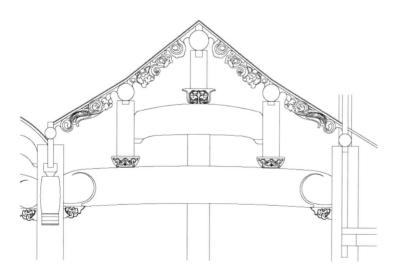

图3-6

屏山舒光裕堂大菩萨厅A处剖面放大图
来源：自绘

屏山舒光裕堂承重梁的两端插入柱身（一端插入或两端插入），与抬梁式（北方）的承重梁顶在柱头上不同，与穿斗式的檩条顶在柱头上、柱间无承重梁、仅有拉接用的穿枋形式也不同，具体讲，即是组成屋面的每一檩条下皆有一柱（前后檐柱及中柱或瓜柱），每一瓜柱骑在（或压在）下面的梁上，而梁端插入前后檐柱柱身。

目前徽州地区保存下来的古民宅，无论是在数量、建筑面积，还是在保护的紧迫性上，小型住宅占主体，包括一些知名的单体建筑，如黟县宏村的承志堂。从结构力学的角度，按照荷载传递的途径进行分析，这些小型住宅，屋盖荷载主要由檩条直接传给柱；而非由檩条通过梁，再传到柱头，属穿斗式构架。

图3-7

屏山东园剖面图
来源：自绘

屏山东园是小型徽州古民宅的代表，它采用穿斗式木构架，即柱子承檩，檩下柱子落地，或落地柱和瓜柱相间使用、瓜柱立于穿枋上。虽然穿斗式木构架内外立柱较多，不能构成较大的使用空间，但由于其空间不大，在各架立柱间安设板壁，可不影响使用。在清代，徽州民宅由于家庭活动重心移到底层，楼层高度逐渐降低，穿斗构架使用更多。

与单层建筑相比，楼阁建筑大木技术特殊之处主要在于如何处理上下两层木构之间的连接。关于楼层之间的结构，有叉柱造、缠柱造、永定柱三种做法。

自元代以后，叉柱造的内柱逐渐转变成通柱式，从地面直达屋顶。通柱式虽在后代盛行，但其出现应较早，很可能在民居中最先运用。民居楼房用一根通柱足以贯通上下层，且梁枋与柱身之间传力更直接，构造更简单，应力分布更均匀，杆件拉结互济更为有利，成为一个整体框架结构体系。

图3-8

南屏南薰别墅剖面图
来源：自绘

南屏南薰别墅的正厅是明三间结构，宽敞明亮，光线透进宽大的天井，一直可以照射到厅堂后部。二楼为小姐闺房，取名"万云轩"，绣楼的摆设体现主人当时的富有。底层和楼层上下面阔虽一致，上下层梁架在同一垂直面上，但由于楼层前后檐向天井挑出，导致底层和楼层柱不在一条垂直线上。

明、清徽州木结构古民宅，楼上下可为通柱，亦可为断柱，楼上断柱立于楼下承重大梁或穿梁上。

图 3-9
屏山舒光裕堂山
墙面结构
来源：自摄

徽州祠堂在大厅采用承重大梁联系前后柱，省去中柱，而在山墙部位则将中柱保留，承托脊檩，具有穿斗式的结构特征。且山墙部位柱与梁架，常与山墙砌筑在一起，形成一个整体。

图 3-10
屏山东园
来源：自摄

在一些徽州民居建筑中，梁与檩条直接搭在山墙之上，通过山墙来承接梁与檩传下来的重量，这种结构中，砖墙既起到围护作用，也起到承重结构的作用。

图 3-11
泾县章渡沿河建筑群
来源：自摄

图 3-12
泾县章渡沿河建筑
来源：自摄

徽州建筑结构体系特征之一是对复杂地形和特殊功能具有很强的适应性，在沿河或地势低洼处，常用木柱架空，如泾县黄田沿河建筑群，这显然是传承了几千年的干栏式建筑做法。同时为了最大限度利用宅基地，徽州很多宅第平面取不规整形态，木结构体系能很好地适应这种复杂平面。

2. 结构构件

　　徽州古建筑以砖、木、石为原料，以木构架为主。梁架用料硕大，且注重装饰。其横梁中部略微拱起，故民间俗称为"月梁"，两端雕出扁圆形（明代）或圆形（清代）花纹，中段常雕有多种图案，整体构件显得恢宏、华丽、壮美。瓜柱、叉手、雀替（明代为丁头栱）、斜撑等大多雕刻花纹、线脚。梁架构件的巧妙组合和装修使营建技术与艺术手法相交融，达到了珠联璧合的妙境。

　　徽州木构中斗栱延续有唐宋做法，并保留了自己的地域特征，明代从官吏到庶民的宅第，都有严格规定，不许庶民用斗栱，施色彩，因此徽州建筑常将斗栱加以雕镂来获取突破，但也仅限于局部构件。斗栱形成组织网络，是一种装饰性很强的建筑构件，由多种形式斗栱重复构成，呈现特殊形态，其装饰效果主要取决于组织网络的秩序，通常用于建筑物的重点部位，如祠堂和戏楼的檐部、藻井等。

　　徽州建筑屋顶结构包括梁、枋、短柱或垫木、斗栱、檩与椽等几个方面，它们都保留了自己的风格与特点，也是徽州建筑特色所在。

1）屋顶结构

（1）梁枋结构（图3-13～图3-17）

图3-13
南屏叶氏宗祠梁架图，砌上明造，梁为直梁
来源：自摄

图3-14
呈坎罗东舒祠梁架图，砌上明造，梁为月梁
来源：自摄

木构梁架是我国古建筑发展的主流，梁架最主要的作用是承重。在北方的木结构建筑中，多做平直的梁，而南方的做法则将梁稍加弯曲，形如月亮，故称之为月梁。加之南方天气炎热，殿堂基本上都做"砌上明造"而不做天棚，这样一来，月梁的形象暴露于外，当人们进入殿堂时，全部梁架构造一目了然。

图3-15
呈坎宝纶阁月梁状额枋
来源：自摄

明清徽州建筑梁架接近于宋代的举折，并多采用砌上明造，其构件仍保留了很多宋式做法，但做雕镂等艺术加工。徽州木构的梁架以露明为多，梁加工成月梁状很普遍，常见的有平梁、四椽栿、六椽栿、乳栿。在宋式建筑中，梁栿常加工成月梁。而明清徽州建筑木构一显著特征是：不仅将梁栿加工成月梁，而且将阑额等额枋也加工成月梁状。

图3-16
婺源俞氏宗祠月梁
来源：自摄

图3-17
屏山舒光裕堂月梁
来源：自摄

明清徽州建筑，特别是一些规模较大祠堂的仪门与廊部分，常设有卷棚、人字棚等，相当一种天花。卷棚以上构件不做艺术加工，露明部分常做月梁。

（2）斗栱

徽州木构结构特征，也凝聚在斗栱的咫尺之间。斗栱，主要是伴随北方官式建筑使用较多的抬梁式结构，而发展成完整制度。在徽州木构中，既有成组的斗栱，也有大量雕刻精美的撑栱。

① 撑栱（图3-18～图3-20）

图3-18
南屏冰凌阁撑栱
来源：自摄

图3-19
潜口民宅诚仁堂撑栱
来源：自摄

图3-20
南屏慎思堂撑栱
来源：自摄

撑栱主要起支撑建筑外挑木及外檐檩的作用。在徽州建筑中，撑栱多见于宅第之中，且精雕细琢，极为精美，雕刻多以卷草、灵芝、竹、云或鸟兽、戏曲人物等纹样雕刻在撑栱上，增加了外檐的装饰效果。

② 斜栱（图3-21~图3-24）

图3-21

南屏叶氏支祠斜栱
来源：自摄

图3-22

呈坎罗东舒祠斜栱
来源：自摄

所谓斜栱，是除具有普通斗栱的华栱和昂外，于45°线上另加斗栱。它较之一般斗栱要繁缛得多。斜栱始建于辽代建筑，金用最多，以后骤然减少，但在徽州明清建筑中，斜栱的使用率不亚于普通斗栱。此类斗栱装饰性强，和徽州美轮美奂的建筑风格甚合。于是，辽金做法在这里延续、发展，成为徽州明清建筑中斗栱最显著的地域特征之一。

③ 如意斗栱（图3-23、图3-24）

如意斗栱，一般都与梁思成1934年著《清式营造则例》中的定义一致："在平面上除互成正角之翘昂与栱外，在其角内45°线上，另加翘昂者。"其装饰效果，并不取决于个体的斗栱，而是整体网络。如意斗栱是纯装饰用的极端做法。对于如意斗栱的起源，迄今未明了。但如意斗栱生成的两个重要前提是斜栱的运用和斗栱网络的形成，就此看，徽州极有可能是它的发源地。

（3）檩与椽（图3-25、图3-26）

檩放在各梁的梁头上，上承椽子。在带斗栱的大式建筑中叫"桁"，在小式建筑和不带斗栱的大式建筑中叫"檩"。按位置可分为檐檩、挑檐檩、脊檩、金檩等。椽是按垂直于檩的方向，置放于檩之上，用于承受望板（屋面板）和瓦的构件。按位置可分为脑椽、花架椽、檐椽、飞檐椽等。

图3-25

南屏奎光堂屋顶仰视图，硕大的檩条上搁置椽子，上铺瓦片
来源：自摄

飞檐椽位于檐椽之上，向外挑出，挑出部分为椽头，故称飞檐椽头。头长为檐总平出的三分之一乘以举架系数。后尾钉附在檐椽之上，形成楔形，头与尾之比为1：2.5。飞椽径同檐椽，断面通常为方形。主要起挑出作用，并使建筑外观更加雄伟。

图3-26

呈坎罗东舒祠飞檐椽
来源：自摄

（4）其他结构构件

①雀替（图3-27～图3-29）

雀替是中国古建筑的特色构件之一。通常被置于建筑的横材（梁、枋）与竖材（柱）相交处，作用是缩短梁枋的净跨度从而增强梁枋的承载力；减少梁与柱相接处的向下剪力；防止横竖构材间的角度倾斜。

图3-27
屏山舒光裕堂雀替
来源：自摄

②蜀柱、叉手、柁墩

蜀柱为梁上矮柱，《营造法式》又称侏儒柱，用于垫高，使构件达到所需的高度，而叉手支撑在侏儒柱两侧，徽州建筑中叉手一般雕刻成奔浪、卷云状。在徽州建筑中，常于蜀柱之下垫一柁墩，应当是受到柱下有柱础启发，它的雕饰题材也大多和宋柱础纹饰题材相同。

图3-28
昌溪员公支祠雀替
来源：自摄

图3-29
南屏奎光堂屋架上蜀柱、叉手与柁墩
来源：自摄

③托脚（图3-30）

古代建筑上各檩均用斜杆支撑固持。其中支撑脊檩的斜杆称为叉手，其余称为托脚。徽州建筑中一般雕镂成奔浪、卷云状。

图3-30

南屏叶氏支祠托脚

来源：自摄

④童柱（图3-31）

下端不落地，立在梁架上的柱就是童柱，又称瓜柱，多安置在横梁或枋之上。为了美观，端头一般会有柱头雕刻。

图3-31

南屏叶氏支祠童柱

来源：自摄

⑤驼峰（图3-32）

驼峰系用在各梁架之间配合斗栱承托梁栿的构件，因其外形似骆驼之背，故名之，徽州建筑中常施以精美的雕刻。

图3-32

昌溪太湖祠驼峰
（梁驼）

来源：自摄

3. 建筑构造

　　徽州建筑的构造既有着中国传统建筑构造的通性，又有着独特的地域性特征。徽人在长期的营建活动中，博采众长、注重传承，并结合地域特点创造了诸多适合徽州地域气候、体现徽州地域文化的构造做法，无论是梁架、柱枋等大木作，还是门窗、栏杆等小木作，亦或是天井、马头墙、门楼、楼梯等，有的保留有宋元官式构造做法，有的结合功能性而侧重突出地域审美取向形式，也有的结合当地气候条件而侧重生态性。其中，有些构造做法延续至今，有的已失传。本节选取柱与柱础、马头墙、门楼、门窗与隔扇、美人靠予以重点介绍。

1）柱与柱础（图3-33~图3-43）

　　在中国木建筑中，横梁直柱，柱阵列负责承托梁架结构及其他部分的重量，如楼面与屋面荷载。按柱的形状分，有直柱、梭柱之别。直柱即无卷杀的柱，按柱载面形式分有方柱、八角柱、圆柱等断面方式。

　　徽州建筑大多使用木质圆柱，间有少量石质方柱，柱子木料多为银杏或杉木，材质优良，耐腐防蛀，不变形不反翘。柱础多采用"黟县青"大理石，为徽州黟县特产，素有"产青石而如金"的传说。

图3-33
屏山舒光裕堂石柱
来源：自摄

图3-34
屏山舒庆余堂梭柱
来源：自摄

图3-35
南屏叶氏支祠直柱
来源：自摄

梭柱是将柱卷杀成梭状，是宋代大木作构件艺术加工特点之一。一般认为，元代以后重要建筑大多以直柱取代。但徽州建筑遗存显示，明代建筑大多保留了梭柱，而清代建筑，则多为直柱。徽州的梭柱从中段开始，向上下两端收小，不过下端的直径，比上段三等分的中央部分略小，而不是上下两端的直径完全相等。

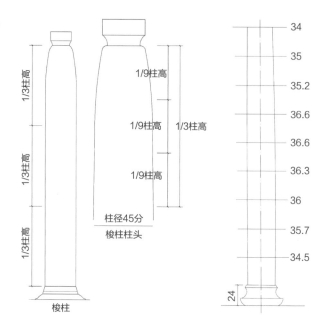

图3-36

宋《营造法式》梭柱做法
来源：自绘

图3-37

西溪南吴子良宅梭柱
来源：自绘

北方地区，气候干燥，柱础较浅。而徽州建筑柱础则以鼓状较高的柱础居多，有方形、圆柱形、覆盆形、圆鼓形、八角形、莲瓣形等形状。柱下所用的础石最简单的仅用方形石块，或将其上部琢成不等边八角形，再收为圆形覆盆。大型建筑则用圆形和八角形础石，其中圆形柱础的立面略似覆盆形。

图3-38

方形柱础
来源：自摄

图3-39

圆柱形柱础
来源：自摄

图3-40

覆盆形柱础

来源：自摄

图3-41

圆鼓形柱础

来源：自摄

图3-42

八角形柱础

来源：自摄

图3-43

莲瓣形柱础

来源：自摄

2）马头墙

（1）坐吻式马头墙（图3-44、图3-45）

坐吻式马头墙以独特的窑烧构件——"坐吻"当顶而出名。这类马头墙的规模、气魄较大，层次多，构造复杂，工艺要求也较高，它的垛头与博风均用来装饰，一般为古代公共建筑所采用。

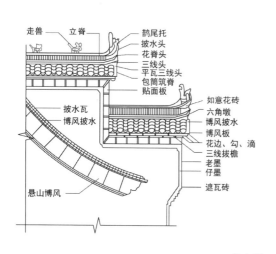

走兽　立脊　鹊尾托
披水头
花脊头
三线头
平瓦三线头
包筒筑脊
贴面板
披水瓦　　如意花砖
六角墩　　博风披水
博风披水　博风板
花边、勾、滴
三线拔檐
老墨
仔墨
悬山博风　遮瓦砖

侧立面

图3-44
坐吻式马头墙
来源：自摄

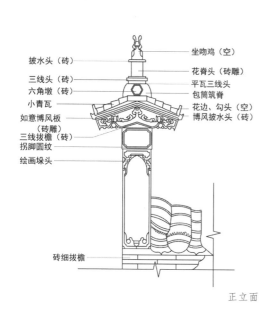

披水头（砖）　　　坐吻鸡（空）
三线头（砖）　　　花脊头（砖雕）
六角墩（砖）　　　平瓦三线头
小青瓦　　　　　　包筒筑脊
如意博风板　　　　花边、勾头（空）
（砖雕）　　　　　博风披水头（砖）
三线拔檐（砖）
拐脚圆纹
绘画垛头

砖细拔檐

正立面

图3-45
坐吻式马头墙
来源：自摄

（2）鹊尾式马头墙（图3-46、图3-47）　　　鹊尾式马头墙的博风顶端以人工雕凿类似于喜
鹊尾形式的砖作构件为主，故而取名"鹊尾式"。

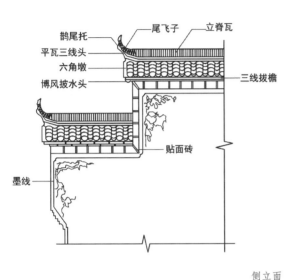

鹊尾托　尾飞子　立脊瓦
平瓦三线头
六角墩
博风披水头　　　　三线拔檐

贴面砖

墨线

侧立面

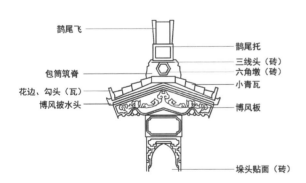

鹊尾飞
鹊尾托
包筒筑脊　　　三线头（砖）
　　　　　　六角墩（砖）
花边、勾头（瓦）　小青瓦
博风披水头　　　博风板

垛头贴面（砖）

正立面

（3）印斗式马头墙（图3-48、图3-49）

印斗式马头墙顶部窑烧的"卐"，即古文篆字中的"万"印斗为主，得名印斗式。

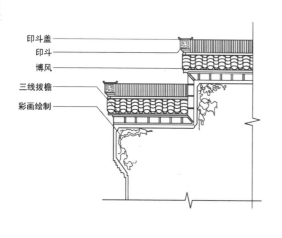

印斗盖
印斗
博风
三线拔檐
彩画绘制

侧立面

图3-48

印斗式马头墙
来源：自摄

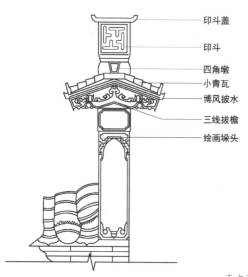

印斗盖
印斗
四角墩
小青瓦
博风披水
三线拔檐
绘画垛头

正立面

图3-49

印斗式马头墙
来源：自摄

3）门楼

（1）门罩式（图3-50～图3-53）

门罩式门楼位于门楣，在大门门框上部用水磨石砖做成向外突出的线脚和装饰，顶部覆盖以瓦檐。

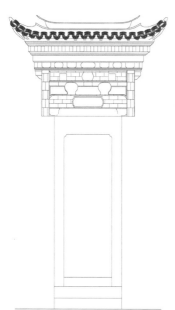

图3-50

水磨青砖式门罩

来源：自绘

图3-51

垂莲式门罩

来源：自绘

图3-52

水磨青砖式门罩

来源：自摄

图3-53

垂莲式门罩

来源：自摄

（2）牌楼式（图3-54～图3-56）

牌楼式门楼即门坊，徽州比较常见的有单间双柱三楼式，三间四柱五楼式和三间四柱三楼式。黟县屏山村的御前侍卫门楼为牌楼式，为五间六柱七楼，目前极为少见。

图3-54
牌楼式门罩
来源：自摄

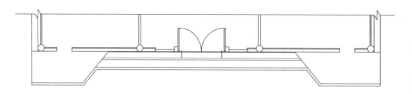

图3-55
牌楼式门罩平面图
来源：自绘

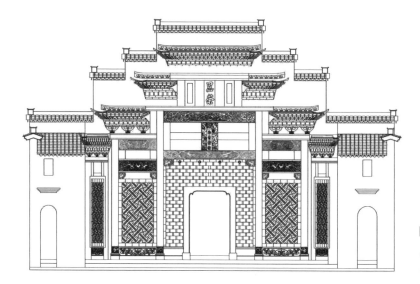

图3-56
牌楼式门罩立面图
来源：自绘

（3）八字门楼式（图3-57、图3-58）

八字门楼是门坊的一种变异体。变异点则是大门在平面上向内退进，从平面上来看，形状呈"八"字形而得名。

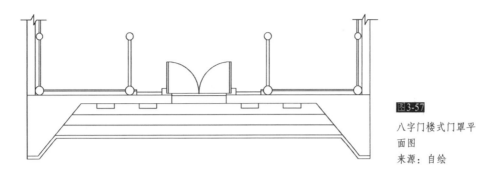

图3-57
八字门楼式门罩平面图
来源：自绘

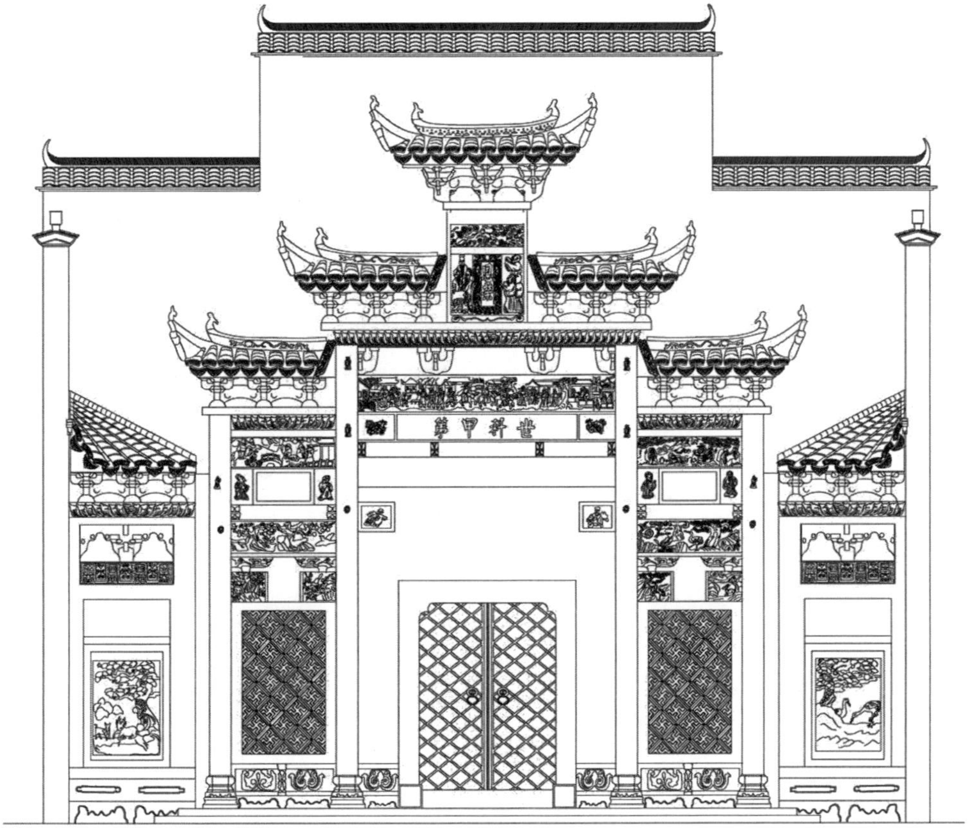

图3-58
八字门楼式门罩立面图
来源：自绘

4）门窗与隔扇（图3-59~图3-62）

门窗在徽州地区俗称"槅子门"，是徽州建筑内部进行分割的主要建筑构件。根据开间大小，每间可做四扇，由立向的边挺和横向的抹头组成木构框架。抹头又将槅扇分成槅心、绦环板和裙板三部分。槅心是主要部分，占整个槅扇高度的五分之三，由棂条拼成各种图案。

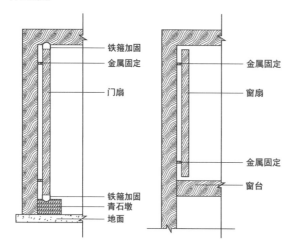

图3-59

门窗构造示意图

来源：自绘

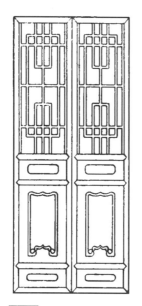

图3-60

门窗立面图

来源：自绘

图3-61

槅扇门

来源：自摄

图3-62

格栅窗

来源：自摄

5）美人靠（图3-63）

徽州民居上层常有雕饰精美的一圈栏杆，面临天井。普通栏杆的高度与窗口齐平，最初造型与石栏杆相近，后依照木制品的特性而逐渐走向复杂华丽。弧形栏杆在檐柱间置有座板，栏杆本身向外弯曲，位于檐柱外侧，形式略似靠背，称"吴王美人靠"。主要用于府第内部，晚清以后，飞来椅也用于临街店铺的外立面。

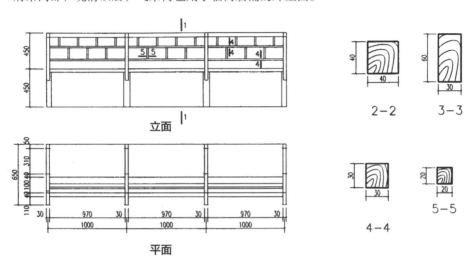

图3-63
美人靠
来源：自摄

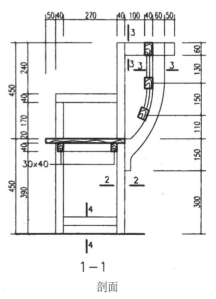

1-1
剖面

4. 楼地面与屋顶

　　地基是指建筑物下面支承基础的土体或岩体，它承受着全部建筑的重量，地基的大小深度与房屋的质量及地质的坚实干湿直接相关。地面则多指建筑物内部和周围地表的铺筑层，主要包括天井地面、室内地面、二层及以上的楼面。

　　徽州建筑地基包括自然地基和人工地基，徽州建筑地面包括室内地面、天井地面、楼地面。

1）地面

（1）天井地面（图3-64～图3-66）

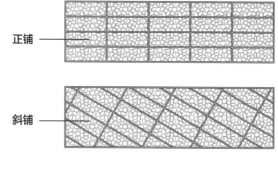

正铺

斜铺

图3-64

天井地面铺筑示意图
来源：自绘

　　天井地面用当地紫青或芝麻花岗岩石板铺砌，较大类型住宅地下用方砖正铺或斜铺，较小住宅也有用墙砖侧铺。其目的是为了防潮。

图3-65

舒光裕堂天井地面
来源：自摄

图3-66

舒光裕堂天井地面
来源：自摄

（2）室内地面（图3-67、图3-68）

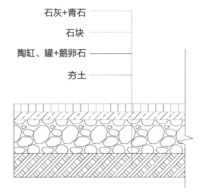

石灰+青石
石块
陶缸、罐+鹅卵石
夯土

图3-67
舒建德家室内地面
来源：自摄

图3-68
室内地面做法示意图
来源：自绘

徽州古建筑室内地面都为"三合土"地面，其做法是二成中粗砂、一成干石灰粉，即二比一的比例，将其拌和均匀，尔后用红泥浆渗入砂灰中翻拌至相应湿度即可。或者是基层是石块，面层为石灰、青石等混合制成。操作时，先将地面之杂土清除，用陶制缸、罐倒覆放置，间距约三尺，缸、罐之间填鹅卵石，尔后上三合土夯拍压光做假方砖铺地式。

2）楼面

（1）明代楼面做法（图3-69、图3-70）

明代以楼居为主，楼层地面做工考究，其做法是在木作的楼板上铺一层箬叶（一种小苦竹之叶，包粽子用），箬层上铺一层中砂、尔后切边成方的方砖，用白灰膏嵌缝筑做。

图3-69
舒光裕堂楼面
来源：自摄

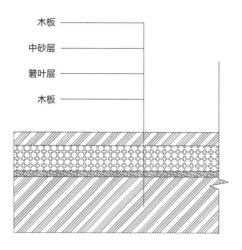

图3-70
明代楼面做法示意图
来源：自绘

（2）清代楼面做法（图3-71、图3-72）

清代后期使用2层楼板，上下2层楼板中间铺设一层油毡纸，以防灰尘从板缝落到底层，同一层楼板之间以企口互相咬合，上层木楼板起主要承重作用，通常厚50～60毫米，下层木楼板厚15毫米左右。

图3-71
翰林之家楼面
来源：自摄

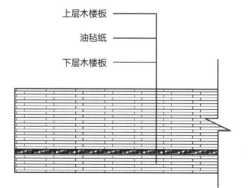

上层木楼板
油毡纸
下层木楼板

图3-72
清代楼面做法示意图
来源：自绘

3）屋面（图3-73）

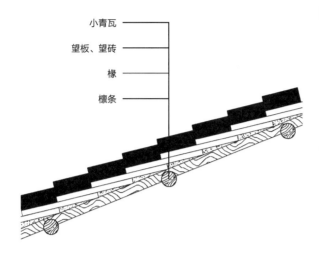

小青瓦
望板、望砖
椽
檩条

图3-73
屋面做法示意图
来源：自绘

屋顶形式均为坡屋顶瓦屋面，屋顶的两侧为封火山墙。屋顶的构造层次为：首先在檩条上铺椽条，然后在椽条上铺设望板或望砖，再加瓦板，最后铺盖当地盛产的灰色瓦。

一般民居屋顶采用冷摊瓦构造即檩条上直接挂瓦。

4）屋脊（图3-74）

屋脊一般由垂兽、垂脊和鸱吻三部分组成。

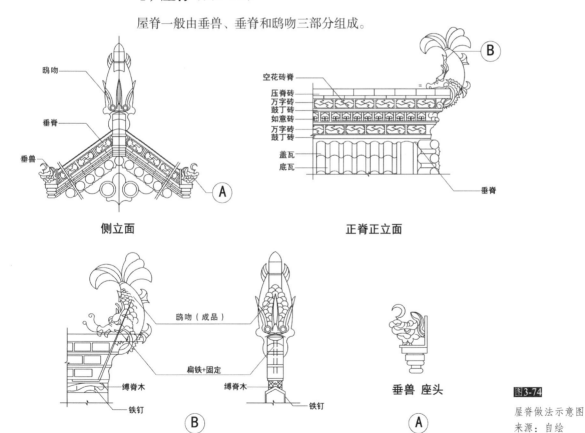

鸱吻
垂脊
垂兽

侧立面

空花砖脊
压脊砖
万字砖
鼓丁砖
如意砖
万字砖
鼓丁砖
盖瓦
底瓦
垂脊

正脊正立面

鸱吻（成品）
扁铁+固定
缚脊木
缚脊木
铁钉
铁钉
B

垂兽 座头
A

图3-74
屋脊做法示意图
来源：自绘

四、徽州建筑装饰特征

传统徽州建筑的主要装饰类型包括三雕（砖雕、木雕和石雕）、彩画和楹联匾额。这些装饰的内容和形式是徽州民间艺人根据世俗情感和传统观念创作的，其丰富多彩的文化内涵蕴含着古代徽州的社会政治、宗法礼仪和经济文化等鲜明的时代特征，贯穿其间的独特艺术风格和技法流派极富地域特征，反映了古代徽州社会群体的生活形态和审美观念。

"无宅不雕花"是徽州民居建筑的一个重要特征。徽州民间艺人利用自然条件的优势，以砖、木、石为材料，以徽商经济作基础，形成了独特的"徽州三雕"艺术。三雕结合材料特性与构件需要装饰于不同位置，不仅使空间产生富丽的氛围，也能提高空间的相对尺度，营造出各具特色的丰富空间。隔扇、花窗等人的视线最直接接触的部位，人们可仔细地观赏，因此常常是多层深浮雕，雕刻精细，形象生动，景深丰富，充分体现了三雕的可视性。位于大门两侧的户对、石狮等人们触手可及的部位，多是触感细腻的精美黟县青大理石雕刻，可触性极强。而天井一周的圆雕作品，尤其是柱头斜撑常用的圆雕倒挂狮等，在天光的照射下，充满了光影的变幻，极富立体感。精美的三雕成为徽州建筑彰显地域特色的重要元素。砖雕多装饰于门楼、门罩等部位，木雕多装饰于室内木构架、构件。而石雕则装饰于户对、柱础和牌坊等部位。三雕的题材多样，内容丰富，砖雕和木雕基本都涵盖了植物、动物、人物故事、生产生活题材、佛道题材、忠孝节义题材、林园山水、吉祥器物、装饰纹样等广泛的内容，石雕的题材受到雕刻材料本身限制，内容相对较少。三雕的雕刻技法因材料、装饰位置和功能的不同而各有特征，线刻、浅浮雕、高浮雕、透雕、圆雕等多种雕刻技法综合运用。

徽州民居建筑彩画装饰艺术经过漫长的历史再创造，反映浓厚的地方特色，沉淀着徽州人民的丰富精神情感。现存徽州民居建筑彩画主要装饰于室内和室外，图案内容题材丰富，大部分"图必有意，意必吉祥"。

匾额楹联也是徽州民居建筑重要的装饰内容，徽州民居无论规模、无论等级，几乎都可见精心布置的匾额楹联，这些楹联匾额主要有教化、格言、言志、恩泽、意趣等主旨，以正、草、行、隶、籀、篆等书体完成，功力深厚。

1. 传统徽州建筑三雕

1）砖雕

砖雕是徽州三雕中最具魅力的一类，它的制作是利用徽州烧制的质地坚硬细腻的灰色砖，经初模放样、磨面打坯、细腻修缮等工序雕镂而形成的建筑装饰，广泛用于徽州建筑的门楼、门罩、八字墙等显眼处，也见于窗楣、漏窗、屋檐、屋瓴等部位，题材内容丰富多样，制作技法纯熟流畅。

公共建筑

门楼： 书院、宗祠、寺观等公共建筑的门楼是徽州民居重点装饰的部位，常常饰以大面积精美砖雕，显示家族的兴旺和荣耀。

图4-1
屏山御前侍卫厅
来源：自摄

图4-2
门楼位置立面示意图
来源：自绘

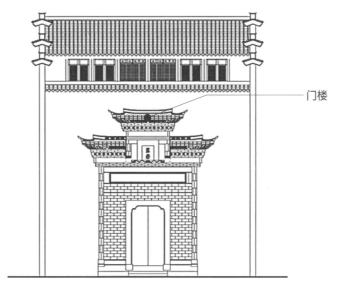

门楼

特点： 五檐砖雕门楼，正中"恩荣"和"世德发祥"的字幅寓示着家族繁荣。字幅四周是精美砖雕，有双龙戏珠，独占鳌头，狮子戏球等吉祥图案。

图4-3

歙县徽商大宅院
来源：自摄

特点：三檐砖雕门楼，正中"世科"字幅寓示着家庭繁荣。字幅四周是精美砖雕，有喜临门、狮子戏球、宴请欢庆等吉祥喜庆的内容。

宅第门楼：民居宅第的门楼根据主人经济状况的不同，砖雕装饰可简可繁，常常是寄寓主人生活情怀的吉祥图案。

图4-4

歙县徽商大宅院
来源：自摄

特点：三檐砖雕门楼，正中有"芥轩"字幅。字幅四周是精美砖雕，有仙鹤、花瓶等吉祥图案。

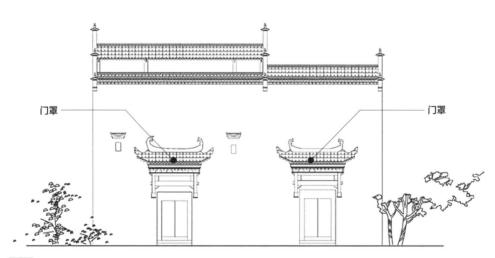

门罩 门罩

图4-5

门罩位置立面示意图
来源：自绘

门罩：砖雕的重点装饰部位，除有引开雨水的实用功能外，更有一种装饰美，是入口标志、房屋门面，一般近距离观赏，因此大都雕刻精美考究。

图4-6

龙川村胡炳衡宅
来源：自摄

特点： 雕刻有狮子戏球，暗八仙，日常生活场景等精美砖雕，既美化了大门，又表现了主人的情趣。

图4-7

潜口耕礼堂
来源：自摄

特点： 砖雕雕刻细腻精美，以蝙蝠、喜鹊等图案为主，反映了宅主对科举考试，入仕为官的美好愿望。

图4-8

南屏冰凌阁
来源：自摄

特点： 以博古器物图案为主，反映了宅主对如意吉祥，健康平安的美好愿望。

八字墙门楼： 徽州砖雕门楼中的一种较豪华的形式，以中间门楼及两侧影壁墙合为一体，是徽商效仿官府之门显示望族高贵门第，取"宅门八字开，财气滚滚来"之意的杰作。

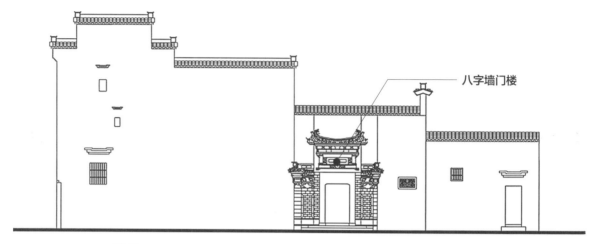

八字墙门楼

图4-9

八字墙门楼位置立面示意图
来源：自绘

图4-10

屏山村舒光裕堂
来源：自摄

特点： 平面呈八字形，门楼上部中间醒目的"恩荣"二字和下方"世科甲第"四字，彰显舒氏"皇恩浩荡、家庭繁荣"，历代仕途坦荡。

窗楣：窗楣砖雕不像门楼门罩砖雕那样浓墨重彩，却也不失简约雅致的装饰风格。

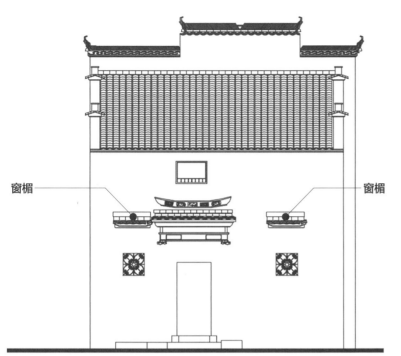

图4-11
窗楣位置立面示意图
来源：自绘

图4-12
徽商大宅院侧窗
来源：自摄

特点：砖雕装饰简洁适用，既避免了雨水损坏窗子，又点缀了立面外观，实用而美观。

漏窗：漏窗砖雕的采用是徽州传统的造园手法之一，其特点为巧于因借，透过漏窗可将园外山容树色、田园风光之美收览无遗，让人领略到人工山水园林与徽州世外桃源般自然美景的完美结合。

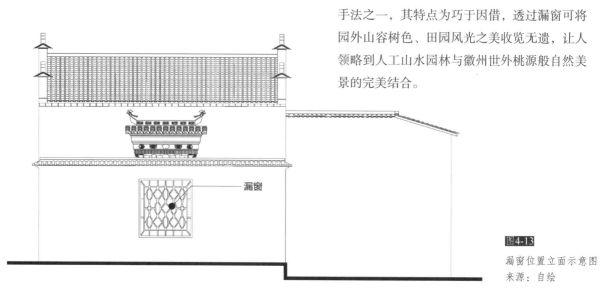

漏窗

图4-13
漏窗位置立面示意图
来源：自绘

图4-14
卢村慎思堂
来源：自摄

特点：联通内外空间，引入室外景致，形成借景，使空间隔而不断，增加了趣味性。

屋檐：屋檐是徽州砖雕装饰不可或缺的装饰部位，精致繁复的屋檐砖雕秉承了徽州建筑装饰精巧美观的特点。

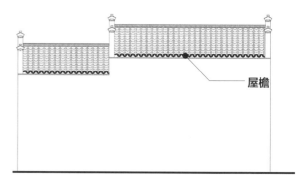

屋檐

图4-15
屋檐位置示意图
来源：自绘

图4-16
黄田村国恩堂
来源：自摄

特点： 简洁而富有韵律与节奏的砖雕使建筑外观形象避免单调。

图4-17
棠樾村清懿堂
来源：自摄

特点： 蝴蝶、菊花等雕刻图案使建筑外观形象更加丰富。

屋瓴： 塑造徽州建筑典雅庄重外观形象的重要元素。

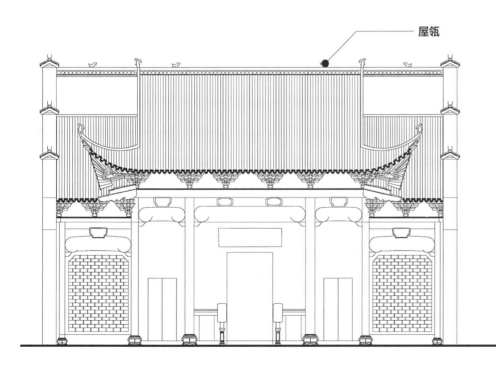

屋瓴

图4-18
屋瓴位置立面示意图
来源：自绘

图4-19

棠樾村鲍氏宗祠
来源：自摄

特点： 鳌鱼、吻兽等精美的砖雕使建筑外观形象更加典雅庄重，丰富了天际轮廓线。

图4-20

昌溪员公支祠
来源：自摄

特点： 雕刻精美生动的鳌鱼、吻兽使建筑物不失轻盈活泼的外观形象。

> 内容题材（图4-21～图4-38）

植物：将梅花、菊花、兰花、月季、向日葵、葡萄等植物图案化，采用对称、重复的构图，象征高雅、富贵、多子多福及生活的美好。

图4-21
植物内容图示
来源：自绘

图4-22
棠樾村清懿堂
来源：自摄

特点：兰花图，象征高洁、典雅、爱国和坚贞不渝。

图4-23
棠樾村清懿堂
来源：自摄

特点：菊花图，象征清新高雅，寓意优美动人。

鸟兽：以马、猴、龙、鱼、蝙蝠等 象征"马上封侯"、"鲤鱼跳龙门"、"福临门"吉祥寓意；以喜鹊、梅花鹿等配以祥云或福禄寿字体图案寓意成功、丰收、多福等美好生活。

图4-24

鸟兽内容图示

来源：自绘

图4-25

西递居安堂

来源：自摄

特点：骏马图，象征能力、圣贤、人才、有作为。

图4-26

西递居安堂

来源：自摄

特点：鳌鱼图，寓意事业顺利如意，独占鳌头。

人物故事： 在砖雕的构图中心，以经典的人物故事、民间传说、戏文场景、宗教活动等为内容，体现了徽州砖雕"寓教于美"的装饰特征。

图4-27

人物故事内容图示

来源：自绘

图4-28

李坑丁余堂

来源：自摄

特点： 动态战争场面的定格充满了表现力与趣味性。

图4-29

徽商大宅院

来源：自摄

特点： 官员交谈图，人物神态生动饱满，姿态各异，一派相谈甚欢的场景。

生产生活题材： 表现徽州传统农业生产打鱼、耕作、砍樵、采茶为题材的生产场景，或表现舞狮、闹花灯、迎亲、祝寿等徽州民间的生活场景。

图4-30

鸿飞村冯仁镜宅

来源：自摄

特点： 渔樵耕读图，表现对田园生活的恣意和淡泊自如的人生境界的向往。

图4-31
徽商大宅院
来源：自摄

特点： 祝寿图，送礼、祝贺的场景充满喜气。

图4-32
李坑丁余堂
来源：自摄

特点： 休闲娱乐图，一派逗鸟赏画的轻松氛围。

佛道题材： 以道教八仙、暗八仙（八仙法器）、佛教观音等人物故事为题材创作的八仙过海、观音渡海、观音送子等。

图4-33
徽商大宅院
来源：自摄

特点： 八仙过海图，寓意着不同的人可以用不同的办法和本领去做事。

图4-34
屏山舒光裕堂
来源：自摄

特点： 福禄寿喜图，雕刻惟妙惟肖，施无彩色。

忠孝节义题材: 以岳母刺字、卧冰求鲤、孔融让梨等民间流传甚广的忠孝节义仁故事为内容。

图4-35
百里负米图
来源:自摄

特点: 孝亲图,雕刻百里负米等宣扬孝道的内容。

林园山水: 表现徽州域内山川名胜、村落水口景观或以自然山水为题材创作的山水砖雕。

图4-36
棠樾村清懿堂
来源:自摄

特点: 林园山水图,轻松惬意的园林景观。

装饰纹样类： 祥云纹、万字纹、冰纹、卷叶草、菱形纹等重复或组合而成。

图4-37

南屏村冰凌阁

来源：自摄

特点： 博古图，雕刻各种象征吉祥如意的花瓶等器物。

图4-38

思溪延村余庆堂

来源：自摄

特点： 雕刻缠枝纹样，纹饰简洁，富有韵律感。

> 雕刻技法（图4-39～图4-46）

平面雕： 凹下的底面和凸出的雕面均光而平整，至多是在凸出的雕面上刻画出线条，这种凹凸深度都在一厘米左右。

图4-39

理坑三省堂

来源：自摄

图 4-40
延村余庆堂
来源：自摄

特点：平面雕，纹
饰简约细腻，富有
韵律感。

浅浮雕：凸出面低浅，不见镂空，其凹下的平底上往往刻画纹头或砂底将其雕面衬托出来，以增加层次感，比较明确地体现出立体感。

图 4-41
龙川村如心亭
来源：自摄

特点：浅浮雕，纹
饰凸起，轮廓明显。

深浮雕：这种雕往往具有极强
的立体感，某些部位甚至会镂空，
一般约在三个层次左右。

图 4-42
卢村承志堂某砖雕
来源：自摄

图 4-43
徽商大宅院
来源：自摄

特点：深浮雕，层
次丰富，有进深和
空间感。

　　透雕：一般都在一块约二寸厚的砖上雕出画面，除背面或上顶部等不易察看的部位以外，其余的部分都与画面相连刻出，出现多处镂空，层次都在四至五层左右，有一定的雕刻难度，立体感较强。

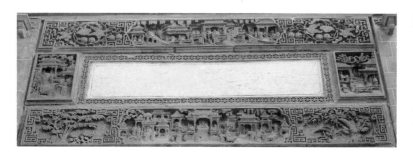

图 4-44

徽商大宅院
来源：自摄

———

特点：镂空，立体感强。

图 4-45

龙川村胡炳衡宅
来源：自摄

———

特点：透雕，层次丰富，立体感强。

　　镂空雕：与透雕相似，除了与建筑物相接触的一面以外，其余凸出部分均镂空雕刻，可从不同角度反映立体画面。有些采用技巧雕琢后，可使局部转动、开关，例如楼台亭阁上的门、窗、笼中的禽鸟和狮球内转动的滚珠等。特别是人物山水、楼台亭阁，其雕刻的层次往往达七至九层。

图 4-46

徽商大宅院
来源：自摄

特点：镂空雕，通透，具有灵秀之气。

2）木雕

木雕多以柏、梓、椿、银杏、楠木、榧、甲级杉等为材，装饰在梁架、梁驼、斗栱、斜撑、雀替、隔扇门、窗、栏杆、华板、柱础等部位，题材内容十分丰富，尤以历史典故最为常见，多种雕刻技法综合运用。

> **装饰位置**（图4-47～图4-63）

梁架：梁架木雕不仅考虑美观，更重视承重功能。

图4-47

呈坎宝纶阁
来源：自摄

图4-48

棠樾清懿堂
来源：自摄

特点： 梁架上的雕刻使梁架具有尺度感，展示出建筑的结构美。

图4-49

徽商大宅院
来源：自摄

特点： 充分结合梁的受力性能与装饰效果，适度雕刻。

梁驼：梁驼也是大木作雕刻中不可或缺的装饰部位。

图4-50

南屏敦睦堂
来源：自摄

特点：梁驼上的浅浮雕雕刻，以卷草纹样
为内容，红漆描金。

图4-51

徽商大宅院
来源：自摄

特点：梁驼上的高浮雕雕刻以狮子滚绣球
为内容，雕刻生动精巧。

图4-52

南屏叶氏宗祠
来源：自摄

特点：梁驼上的浅浮雕雕刻以卷草纹样为
内容，简洁适用。

斗栱： 既有将屋檐的荷载传递到立柱的作用，又有一定的装饰作用。

图4-53
龙川村胡氏宗祠
来源：自摄

特点： 适度雕刻的斗栱，既具有装饰美，又不失结构作用。

图4-54
祁门会源堂
来源：自摄

图4-55
南屏叶氏支祠
来源：自摄

特点： 适度雕刻的斗栱是结构与装饰双重作用的完美统一。

斜撑： 像徽州民居建筑中大多数木构件一样，斜撑既具有实用的承重功能，又有很高的审美价值。

图4-56
思溪村百寿花厅
来源：自摄

特点： 圆雕斜撑，雕刻荷花题材的内容，雕工精致细腻。

雀替： 起到缩短梁枋净跨距离的作用，不仅增加梁架的承托力，更具装饰美。

图4-57
呈坎村罗东舒祠
来源：自摄

特点： 镂空雕刻雀替，内容为鳌鱼吐水的精美图案，是木雕雀替的精品之作。

隔扇门窗： 隔扇等围护构件在徽州民居建筑中常以大面积精美的雕刻展现在人们面前。

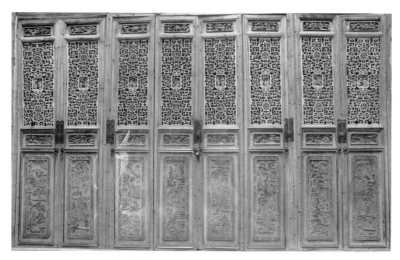

图4-58
卢村志诚堂
来源：自摄

特点： 隔扇门的楣板、胸板、腰板和裙板均雕刻精美，尤以腰板上的高浮雕最为突出，层数多在五六层以上。

图4-59
卢村志诚堂
来源：自摄

特点： 槛窗的楣板、胸板、腰板和木墙裙均雕刻精美，尤其是大小腰板上的高浮雕，题材内容丰富，雕刻技法娴熟。

栏杆： 徽州民居沿天井一圈齐整的栏板上多是精美无比、优雅华贵的木雕。

图4-60
潜口明园胡永基宅
来源：自摄

图4-61
棠樾鲍逢昌故居
来源：自摄

特点： 各种花鸟、吉祥器物等内容雕满栏板，使建筑显得精美华丽。

梁柱：蜀柱等部位也是木雕装饰的施技部位。

图4-62
呈坎村罗东舒祠
来源：自摄

特点：精美的雕刻使梁柱不仅富有力度美，更增添了装饰美。

图4-63
呈坎村罗东舒祠
来源：自摄

特点：精美的雕刻使梁柱棋增添了装饰美，宝纶阁檐廊廊架的梁柱均施雕刻，且各不相同。

> **内容题材**（图4-64～图4-85）

植物："岁寒三友：松、竹、梅"，"四君子：梅、兰、竹、菊"，象征富贵的牡丹，象征隐逸的荷花，象征多子的石榴、葡萄等植物。

图4-64
潜口胡永基宅
来源：自摄

特点：石榴、菊花图，石榴象征多子多福，菊花象征高洁。

鸟兽：以"松鼠、雄狮、虎、鹿、鹤、象、喜鹊、凤凰、蝙蝠"等鸟兽为内容的砖雕常与其他题材组合，有象征吉祥的特定寓意。

图 4-65

汪口村俞氏宗祠
来源：自摄

特点：万象更新图，姿态各异的大象充满生机与活力，表达家族对未来的美好愿望。

图 4-66

龙川村胡氏宗祠
来源：自摄

特点：狮子滚绣球图，九只狮子姿态各异，热闹欢腾。

人物故事：传统名著、戏文故事、神话传说和民俗内容等人物故事都是徽州砖雕的题材。

图 4-67

卢村志诚堂
来源：自摄

特点：竹林七贤图，表达人们虽不能至而心向往之的感受。

图4-68
卢村志诚堂
来源：自摄

特点：福禄寿喜图，表现主人追求生活幸福的美好愿望。

图4-69
理坑村大夫第
来源：自摄

特点：百忍图，唐代张公艺九世同堂，家庭和睦的故事。

图4-70
龙川村胡氏宗祠
来源：自摄

特点：日常生活场景图，高浮雕雕刻，人物形象生动。

图4-71
宏村承志堂
来源：自摄

特点：唐肃宗宴官图，文武百官在赴宴前进行各种娱乐活动，琴、棋、书、画尽收其中，连烧水、掏耳朵这样的细小之处也刻画得惟妙惟肖。

图 4-72

碧山志庭居
来源：自摄

特点： 郭子仪祝寿图，高浮雕雕刻，人物形象生动。

图 4-73

碧山志庭居
来源：自摄

特点： 皇帝狩猎图，高浮雕雕刻，人物形象生动。

图 4-74

碧山志庭居
来源：自摄

特点： 姜太公钓鱼图，高浮雕雕刻，人物形象生动。

图 4-75

碧山志庭居
来源：自摄

特点： 包拯断案图，高浮雕雕刻，人物形象生动。

　　生产生活题材： 生产题材如打鱼、砍樵、耕种、读书等；民俗活动题材如"舞狮"、"闹花灯"、"划旱船"、"耍灯"、"跑驴"等；礼仪活动题材如"迎亲"、"祝寿"、"庆功"等。

图4-76

汪口村俞氏宗祠

来源：自摄

特点： 渔猎图，以"渔"隐喻家族姓氏"俞"。

图4-77

歙县徽商大院祝寿图

来源：自摄

特点： 百子闹元宵图，气氛喜庆欢快。

图4-78

思溪敬序堂

来源：自摄

特点： 生活场景图，生动展示古人舒适惬意的生活。

佛道题材：莲花、罗汉、暗八仙、和合二仙、观音渡海、福禄寿三星等。

图4-79

呈坎村罗纯夫宅
来源：自摄

特点：南极仙翁图，象征吉祥如意，健康平安。

图4-80

理坑绣楼
来源：自摄

特点：暗八仙图，象征吉祥如意，一帆风顺。

忠孝节义题材："岳母刺字"、"苏武牧羊"、"鹿乳奉亲"、"卧冰求鲤"、"怀橘遗亲"、"亲尝汤药"等。

图4-81

卢村志诚堂
来源：自摄

特点：二十四孝图，雕刻有百里负米和唐氏乳母图，宣扬孝道。

　　林园山水：以徽州名胜或各地林园山水为直接或间接的创作素材，以黄山、白岳等名胜为题材有"黄山松涛"、"黄山云涌"、"白岳飞云"等。

图4-82

南屏村慎思堂

来源：自摄

特点：林园山水图，轻松惬意的园林景观。

　　装饰纹样类：常见的装饰纹样有博古、云纹、回纹、缠枝等。

图4-83

南屏村冰凌阁

来源：自摄

特点：博古图，象征吉祥如意，健康平安。

图4-84

卢村思成堂

来源：自摄

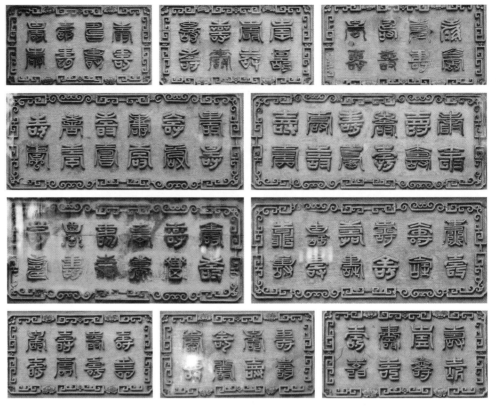

图4-85

思溪村百寿花厅
来源：自摄

特点： 百寿图，每个"寿"字都不同，具有良好的装饰性与美好的寓意。

> **雕刻技法**（图4-86~图4-95）

线刻： 以阴线或阳线为造型手段的雕刻技法。

图4-86

龙川村胡氏宗祠
来源：自摄

特点： 线刻、浅浮雕结合，纹饰简洁，富有韵律感。

浅浮雕： 把雕刻品压缩后凹凸形体厚度不足总体比例1/2的称为浅浮雕。

特点： 浅浮雕雕刻，纹饰凸起，轮廓明显。

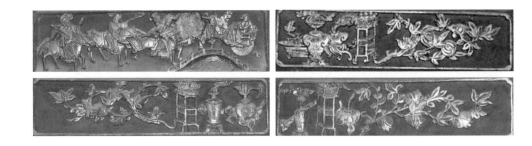

图4-90

徽商大宅院
来源：自摄

深浮雕：把雕刻品压缩后凹凸形体厚度达总体比例1/2以上的为深浮雕。

图4-91

卢村志诚堂
来源：自摄

特点：深浮雕雕刻，层次丰富，有进深和空间感。

图4-92

碧山村志庭居
来源：自摄

　　透雕：也叫镂空雕，在浮雕的基础上，镂去背后底板，有单面和双面雕刻之分，一般有边框的称镂空花板。

图4-93

卢村志诚堂
来源：自摄

特点：透雕雕刻，通透，具有灵秀之气。

圆雕：前后左右各面均施雕刻的立体雕刻，一般无背景，有实在的体积感，可以从四周围任何角度观赏。

图4-94
呈坎村下屋
来源：自摄

特点：圆雕雕刻，雕刻细致精巧，立体感极强。

图4-95
徽商大宅院
来源：自摄

3）石雕

徽州建筑石雕装饰的主要石材为青黑色的黟县青石、褐色的茶园石和花岗石等，色泽有别，观感亦有差异。比较常见的石雕装饰位于宅居的门罩、栏杆、水池花台、漏窗、照壁、柱础、抱鼓石和各种石牌坊、石牌楼。由于受雕刻材料本身限制，石雕不及木雕与砖雕复杂，内容题材主要有山水风景、人物故事、动植物形象、博古纹样和书法等。石雕装饰在雕刻技法上以浮雕、浅层透雕与平面雕为主，圆雕整合趋势明显，刀法融精致于古朴大方，没有清代木雕与砖雕那样细腻繁琐。徽州牌楼和牌坊可以说是徽州石雕的代表作。不仅数量多而且艺术水平高。因建造年代的不同而风格各异。它们显示和颂扬了立牌楼人的政治地位和功德业绩。反映和宣扬了历代王朝对封建正统礼教的虔诚膜拜。徽州牌坊作为封建伦理道德的物化形式，是封建的精神需要与自然条件相结合的结果。因此徽州拥有各种功能的牌坊：标志坊、科第坊、功德坊、忠烈坊、贞节坊等。

> 装饰位置（图4-96~图4-108）

徽州古建筑中，比较常见的石雕装饰位于宅居的门罩、栏杆、漏窗、柱础、抱鼓石、石狮、石牌坊、水池花台等处。

门罩

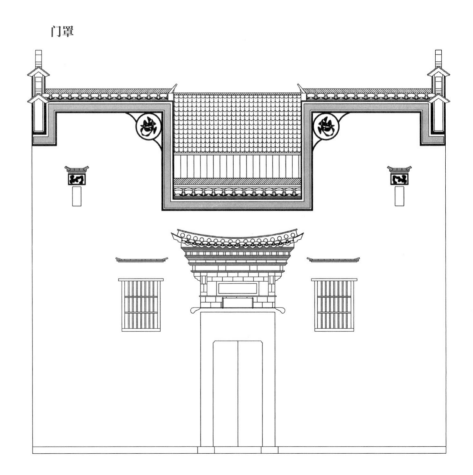

图4-96

门罩立面示意图
来源：自绘

图4-97
黟县卢村思诚堂门罩
来源：自摄

特点：用黟县大理石雕刻的石雕作品，在徽州门罩上出现石雕作品是极其少见的。

栏杆

图4-98
呈坎宝纶殿栏杆
来源：自摄

特点：石栏杆通常采用浅浮雕的形式，刻画各种山水、花鸟、走兽图案，如花卉云纹、戏水飞龙、麒麟等。

漏窗

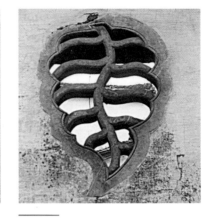

图4-100

西递东园漏窗

来源：自摄

图4-99

西递西园漏窗

来源：自摄

特点： 西园"四君子"中镂空的窗体以梅花为背景依托，上面有四只喜鹊在枝头上翩翩起舞。寓意着我国古代喜鹊登梅的美好寓意。

特点： "落叶"漏窗，一扇雕成树叶形的漏窗，"叶"长大约40厘米，最宽处不足20厘米，雕得极为精致，表达了在外奔波商人落叶归根的乡土情怀。

柱础

图4-101

南屏叶氏支祠柱础

来源：自摄

特点： 柱础石雕在古徽州民居建筑中应用极其广泛，俯拾即是。南屏叶氏支祠柱础的形状各种各样，有简单方石块，有精雕细刻的圆形、八角形等各式形状，无不充分体现了徽州石雕的艺术性。

图4-102

西递居安堂柱础

来源：自摄

特点： 西递居安堂柱础呈圆形，上面精雕细刻着蝙蝠、祥云等寓意吉祥的图案，甚是精美。

图4-103

西递民居抱鼓石
来源：自摄

特点：徽州民居门前的抱鼓石外形较为低矮，由基座、承托件和抱鼓三部分组成。上面雕有精美的石狮、螺纹、吉祥图案等石雕，置于门前传递出主人非富即贵的门第符号。

图4-104

南屏叶氏支祠抱鼓石
来源：自摄

特点：位于祠堂门前的抱鼓石在体量和高度上都比宅门前抱鼓石更显得大和高，叶氏支祠的抱鼓石基座上雕有器物什锦图案，承托件雕有祥云纹图案，抱鼓外圈雕有低浮雕螺纹图案。

石牌坊

图4-105

黟县西递胡文光
牌坊

来源：自摄

特点： 胡文光牌坊建于四百多年前，牌坊高12米，宽近10米，系三间四柱五楼单体仿木结构。牌坊上雕刻有精美的石狮、祥云、仙鹤等图案。运用了浮雕、镂雕、圆雕的雕刻手法，精美绝伦。

图4-106

绩溪龙川奕世尚
书坊牌坊

来源：自摄

特点： 奕世尚书坊牌坊运用圆雕、透雕、深浮雕、浅浮雕、镂空雕等工艺，使一幅幅精美生动、巧夺天工的画面跃然石上：鲲鹏展翅、仙鹤腾飞、太狮滚球、双龙戏珠，布局脱俗，立意悠深，给人一种美的艺术享受。

特点： 在棠樾的古牌坊群中的每个牌坊上都会有精美的石雕艺术作品，雕刻手法各异，艺术形象丰富，聚集在一起更是美轮美奂。

水池花台

特点： 在古徽州居民的生活中，石雕无处不在，在水池花台处也会有精美的石雕作品，题材一般为动植物形象、祥云等吉祥图案。

> 内容题材（图4-109~图4-117）

徽州石雕，所用石材材质坚硬、密实、细腻。石雕内容远不及木雕、砖雕复杂，主要以浅浮雕表现山水、动植物、博古纹样、人物故事等，以圆雕表现灵兽、狮子等的灵动、威武。

山水风景

图4-109

呈坎宝纶殿栏杆

来源：自摄

特点： 栏杆上的石雕出现了祥云、太阳、树木花草、河流、仙鹤等元素，为我们描绘了一幅静谧的山水风景画。表明了徽州人民崇尚自然的悠然心境。

图4-110

南屏程氏宗祠

来源：自摄

特点： 位于抱鼓石基座上的石雕作品采用浅浮雕的手法雕刻出徽州地区美丽的风景，凸显出古徽州地区风景的优美迷人。

图4-111

歙县徽商大宅院
宅门外神兽
来源：自摄

特点： 徽商大宅院门口的两座石雕为动物题材。是一座貔貅神兽上托着一块抱鼓石，石上雕刻着丹凤朝阳的图案。皆有寓意吉祥美好的意愿。

图4-112

绩溪龙川奕世尚
书坊牌坊
来源：自摄

特点： 绩溪龙川奕世尚书坊牌坊上面雕刻有狮子舞球、仙鹤翱翔、龙腾苍穹等动物和吉祥图案，由这些精美的石雕组成的牌坊精美绝伦又同时表现出一种充满生机的盎然情怀。

图 4-113

呈坎宝纶阁石狮
子石雕
来源：自摄

特点： 古徽州人民历来把石狮子视为吉祥之物，在古徽州地区各种建筑中，各种造型的石狮子随处可见。古代的宗庙祠堂、豪门巨宅大门前，都摆放一对石狮子用以镇宅护卫。

博古纹样

图 4-114

碧山志庭居暗八仙
来源：自摄

特点： 博古纹样也是徽州石雕中经常可见的雕刻题材，如图上所示的暗八仙石雕。凡鼎、尊、彝、瓷瓶、玉件、书画、盆景等被用作装饰题材时，均称博古，在各种工艺品上常用这种题材作为装饰，寓意高洁清雅。

图4-115
南屏叶氏支祠抱鼓石基座
来源：自摄

特点： 南屏叶氏支祠抱鼓石基座下面利用浅浮雕雕刻的一对瓷瓶，瓷瓶之上雕刻有花草植物，表现出叶氏家族的高洁清雅的品质。

人物故事

图4-116
潜口民宅明园方氏宗
祠坊
来源：自摄

特点： 此牌坊的独特之处在于龙凤榜处没有题字，而是雕刻一个龇牙咧嘴的鬼，手拿生花妙笔，脚托方形大斗，鬼、斗合为"魁"字，意为才高八斗，右手提笔点状元，左手握权，意为掌控权力。

图 4-117

徽州古民居门罩
来源：自摄

特点： 门罩上的石雕利用高浮雕的艺术手法，把画面中的人物雕琢得栩栩如生，为我们展现了一派浓郁的生活气息。

> 雕刻技法（图4-118～图4-122）

石雕装饰在雕刻技法上以浮雕、镂雕、圆雕为主，刀法融精致于古朴之中，没有清代木雕与砖雕那样细腻繁琐。

浮雕

图 4-118

呈坎宝纶殿栏杆
来源：自摄

特点： 栏杆的中心位置上，雕琢了一幅双龙戏珠的精美石雕，周围为一圈几何纹样的浅浮雕，为我们呈现了一个精美的栏杆石雕作品。

图4-119

潜口民宅明园方
氏宗祠坊
来源：自摄

特点：方氏宗祠坊
建于明嘉靖丁亥年
（1527年），四柱三
间五楼，采用徽州
白麻石雕琢砌筑，
通体遍饰高浮雕，
上枋和额枋图案全
部都镂空。

镂雕

图4-120

西递西园漏窗
来源：自摄

特点：西递"西园"
后院民居门两侧一
对石雕透窗，左为
松石图，右为竹梅
图，题材为植物形
象，主要素材为
"松，竹，梅"。
枝叶刀琢细雕，松
桠斑驳，梅桩曲
弯，雕艺精湛，质
地细腻。

圆雕

图4-121
徽商大宅院石柱
来源：自摄

特点：徽商大宅院后院内石柱所饰山水动物花纹图案，采用了浮雕与镂空雕刻相结合的手法，令人叹为鬼斧神工。

图4-122
歙县徽商大宅院
石狮
来源：自摄

特点：徽商大宅院宅门外的石狮是一块体量较大的圆雕作品，基座由一个浅浮雕雕刻的有龙、祥云、几何图案的正方体组成，基座上是一个体量很大的石狮子，威武地屹立于宅门外，很是粗犷，大气。

2. 徽州建筑彩画

　　彩画是我国木构古建筑的重要装饰部分，它伴随着木构建筑的发展而发展。根据民居建筑的地域性，彩画主要分有三种类型：和玺彩画、旋子彩画和苏式彩画。徽州建筑彩画属于吴越文化圈的苏式彩画，总的纹饰特征是"纹饰纤细，颜色淡雅，与建筑和谐一致。"这类彩画以锦纹、吉祥图案为主。

　　现存徽州传统建筑彩画主要施于室内和室外，室内主要在建筑的梁、枋、藻井、廊道天花部分、门扇、窗棂、板壁及建筑构件等部位，除此之外，雕彩结合也是徽州彩画一大特色，徽州彩画主要艺术成就体现在室内部分木质彩画，室外主要在门楣、窗楣、屋角墙头花、马头墙及轮廓墨线等土质彩画。

　　建筑彩画装饰的图案以花草树木、鸟兽虫鱼、人物故事、山水风景、各式锦纹纹样等为内容题材，大部分"图必有意，意必吉祥"。"藻绘呈瑞"，概括了彩画的重要文化取向，即以彩画表现和传达吉祥意义。

　　徽州建筑彩画在色彩的搭配运用上，也达到了较高的艺术水准。徽州彩绘主要施于木材上，在梁架木结构彩画中大量运用绿和红的互补关系，蓝和红的对比关系，以黑色为底色，三者并置时色相上属强对比，色彩效果艳丽饱和。彩绘中也常采用深沉的土红配以明亮的蓝绿色，画面出现强烈的色彩效应。抑或偶用金黄色等横穿其中，以达到富丽、对比的效果。

1）室内彩画（图4-123~图4-128）

图4-123
卢村私塾天花彩画
来源：自摄

特点： 彩画走边图案为蓝色水纹纹样，中心图案大都是青紫色调的重彩折枝花卉，折枝花有葡萄、菊花等，还有蝴蝶等动物形象，底纹中透出的淡赭黄色与重彩花卉青紫色调产生了一浅一深、一暖一冷的色彩对比而相得益彰。

图 4-124
呈坎宝纶阁梁架
彩画
来源：自摄

特点：图中彩画属
于典雅工丽的"包
袱锦"彩绘，图案
多为南方米字格、
松纹、锦纹、几何
纹、团花图案穿插
变化，非常丰富。

图 4-125
婺源县怡心楼藻
井彩画
来源：《明清徽州
古建筑彩画艺术
研究》

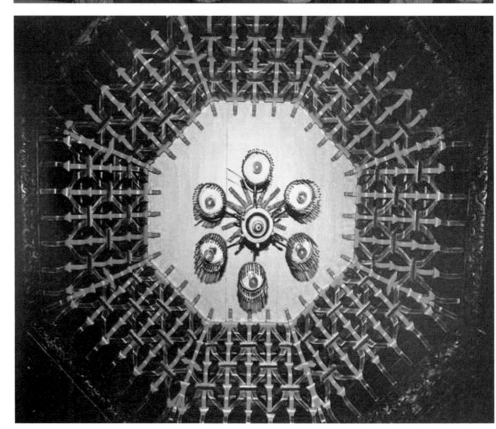

特点：怡心楼藻井
彩画多布满以龙、
凤、花卉为主要题
材的，以红色、金
色为主要色调的彩
画，其木雕部位的
彩画,以青绿色调
为主，并以金色点
缀，用白色作外轮
廓线，这与徽州其
他地区彩画风格大
相径庭，有着闽南
传统建筑彩画风格。

图4-126

黟县关麓民居彩画
来源：明清徽州古建筑彩画艺术研究

特点：在徽州彩画中渔、樵、耕、读常常为彩画作品的主题，徽商在激烈的商海竞争中，为战胜对手往往留下难以言状的苦涩和不堪回首的往事，我们在徽州彩画中看到了庄子逍遥世外，物我二忘，陶渊明的复返田野，苏东坡的潇洒放达，也许是希冀这无声的语言能够带来精神的宁静和追求，由此找到精神的慰藉。

图4-127

黟县关麓板壁、窗、门彩画
来源：明清徽州古建筑彩画艺术研究

特点：居室内板壁窗门上的彩绘，堪称美术一绝。主要内容有"麒麟送子""富贵（牡丹）花开""五子登科""孔融让梨"及"冰清玉洁"等，还有其他山水风景，人物故事等图案，形象生动，呼之欲出。

图4-128

黟县笃谊堂窗板彩画
来源：明清徽州古建筑彩画艺术研究

特点：徽州古民居厢房虽然终日昏暗，但都绘满了彩画，房内板壁上半部、窗板、床楣板都有彩画，厢房彩画，除其顶棚外，其他部位彩画都以人物画为主，板壁和床楣板人物画内容为民间喜闻乐见的戏文典故、故事传说。

2）室外彩画（图4-129~图4-132）

图4-129

歙县民宅门楣彩画
来源：自摄

特点：图中所示室外彩画为门楣画，门楣画主要采用三枋格局，有字匾式、垂花柱式、手卷式等。

图4-130

徽州民居马头墙檐下彩画
来源：明清徽州古建筑彩画艺术研究

特点：马头墙是徽州建筑最具代表性的构造元素，在徽州的马头墙的檐下大都画上极富于民间特色黑白墙头彩画，这是灰黑瓦檐与素净墙面的过渡装饰带，宛如一道花边绣在雅洁的衣襟领口上。

图4-131
绩溪华阳周氏宗祠
岔角彩画
来源：明清徽州古
建筑彩画艺术研究

特点： 建筑马头墙部分主要运用黑白双色，徽州民宅建筑中大都是具有南方彩画风格的地方做法，建筑的墙面多为白色，用黑色线条勾画出轮廓，在岔角（角隅）和垛头处绘有简介、素雅的黑白纹样，这样既有线与面的对比，又有黑白两极的相互映衬，除了起装饰的作用外，还使整个建筑的视觉效果既明亮又清晰。

图4-132
绩溪龙川胡氏宗祠仪门彩画
来源：自摄

特点： 胡氏宗祠彩画在建筑上出现不多，但是很有它的特色，彩画出现部位主要是仪门上彩绘尉迟敬德、秦叔宝两门神。

3. 徽州建筑楹联匾额

　　楹联匾额是徽州建筑重要的装饰内容，传统民居无论规模、等级，几乎都可见精心布置的匾额楹联。匾额楹联的使用空间主要有：厅堂、卧室、书房、厢房等处，其布局特点亦根据建筑的类型及不同功能空间的性质来安排。总体来看，厅堂的楹联匾额多布置在视线集中的显著部位，如正门上方中部、厅堂正中等处。卧室、书房内的匾额楹联则布置灵活，没有固定程式。这些民居楹联都是木版雕版，长约五尺左右宽约五至七寸，有长方形，也有包柱的半弧形，其漆工很讲究，有金边红底黑填字，也有红底金字，或字淡黄底黑，或石绿填字等。楹联匾额的内容主旨主要包括教化类、格言、言志类、恩泽类、意趣类等，其书体有正、草、行、隶、籀、篆等。

1）教化类（图4-133~图4-135）

特点： 图中楹联为教化类楹联，楹联内容从做人方面教导子孙后人要遵守孝道。告诫背井离乡而奋斗的子孙们不要忘记母亲的养育之恩。

图4-134

徽州区潜口义仁堂
来源：自摄

特点： 图中楹联为
教化类楹联，楹联
内容是要教导子孙
要"惟读惟耕"，
"克勤克俭"。

图4-135

歙县棠樾敦本堂
来源：自摄

特点： 敦本堂正厅的两侧，四个硕大的匾额上分别写着
"忠""孝""节""廉"四个大字。在祠堂里写着这四个大字，是为
了起到教化子孙的作用。让子孙们始终记住忠孝节廉的人生观。

2）言志类（图4-136、图4-137）

图4-136

歙县棠樾徽商大
宅院
来源：自摄

图4-137

黟县卢村志诚堂
来源：自摄

特点： 图中楹联为言志类楹联，表现出主人的胸怀大志。其中出现的"紫气东来"、"弘歌百里"无不透露出主人的气宇轩昂，自信满满。向世人展现出古徽州人的活力和雄心大志。

特点： 图中的两副对联透露出主人的浩然正气，同时表现出主人拥有风云壮阔之志以及若镜临水的淡泊和沉静。可以看出古代徽州人民的积极正面的价值观、世界观。

3）格言类（图4-138、图4-139）

图4-138

黟县卢村志诚堂
来源：自摄

图4-139

黟县南屏冰凌阁
来源：自摄

特点： 上图三副楹联，皆是格言类的文字，反映出古徽州居民的警惕之心，时时刻刻不忘记告诫提醒自己做人做事要谨慎、要有自己的原则和方法。不能做有悖于伦理道德、有悖于自然规律的事情。

4）恩泽类（图4-140、图4-141）

图4-140
歙县徽商大宅院
门厅匾额
来源：自摄

特点： 图中匾额上赫然写着"恩荣"二字，是为了表示对皇帝的感激而作，说明此户人家曾经获得过皇帝的赐官亦或是得到皇帝的恩宠和重用。

图4-141
呈坎宝纶殿匾额
来源：自摄

特点： 恩泽类的匾额楹联主要由皇室批准旌表，因此，通常在家庭的显著位置悬挂匾额，以此来显示荣耀同时也表达对皇室的感恩。

五、徽州建筑文化与风格特征

1. 徽州建筑文化特征

据统计，有关"文化"的各种不同的定义至少有二百多种。笼统地说，文化是一种社会现象，是人们长期创造形成的产物。同时又是一种历史现象，是社会历史的积淀物。确切地说，文化是指一个国家或民族的历史、地理、风土人情、传统习俗、生活方式、文学艺术、行为规范、思维方式、价值观念等。

徽文化是中国传统地域文化中的一支，也是中国传统文化的精华与代表，而传统徽州建筑是徽文化的重要组成部分，也是徽文化的物质载体。徽州建筑就是在徽文化的长期影响下逐步形成与发展，并最终形成其独特地域特色与风格的。其文化因素包括儒文化、道文化、风水文化、移民文化、西洋文化、徽商文化等等，而其文化特征可概括为儒道互补、"生死相依"、内外相融以及贾而好儒等等。

1）儒道互补

（1）"道法自然"

老子是中国古代伟大的思想家，他最早提出了尊重自然规律，强调人与自然的和谐相处，是道家学说的创始人。在他的道家学说中，"自然"具有十分崇高的位置，是一切的法依对象，也是万物的本源，在老子看来，"道之尊，法之贵，夫莫之命而常自然"，"以辅万物之自然而不敢为"。崇尚自然与人的和谐，将毕生所得重归于自然是徽州人奉行准则和为之追求的最高境界。徽民在营建村落的活动中，包括村落的选址与景观的营造，本着"顺应自然，利用自然，改造自然"的原则，因地制宜，力求把自然村落建成"山为骨架，水为血脉"的有机体，几乎徽州所有古村落都符合这一原则。而单体建筑的营造上，徽州的传统民居布局也比较注重内外空间的交流，利用"天井+合院"的布局方式，达到了"天人合一"的境界。

长期以来，徽州因地势原因，"力耕所出，不足以供"，民生维艰。生活在这种艰苦环境中的徽州人深知养家创业之艰辛，养成了节衣缩食、勤俭持家的良好风范，且写进族规家训，作为家风教育的必修教材，代代相传。因此即便经营成功，腰缠万贯的富商巨贾也不以豪侈自喜，倡行节俭。建造宅第时往往因陋就简，就地取材。徽州传统建筑还广泛采用砖、木、石雕，表现出高超的装饰艺术水平。

① 与自然环境的融合（图5–1～图5–6）

龙岗山

月沼

南湖

图5-1

黟县宏村
来源：自绘

徽州古村落在营建村落布局时，注重村落与自然环境的融合，甚至构建仿生的村落布局，充分利用山与水的特色，实现了"山为骨架,水为血脉"的环境构想。如黟县宏村，整体布局为牛形，村落背靠的雷岗山为牛头，村口的两颗古树为牛角，民居为牛的身躯，邕溪为牛肠，溪水弯弯曲曲，穿行于家庭院落，最终流入牛胃形的月沼和南湖，环绕村子的虞山溪上的四座木桥为牛脚。

图 5-2

黟县宏村月沼
来源：自摄

牛形村落的水系，不仅为居民生活生产用水提供了便利，而且还可以起到消防防火、调节气温、美化环境的作用。整个村落，水天一色，被称为"中国画里的乡村"。

图 5-3

新安碑园
来源：自摄

徽州园林也注重建筑美与自然美的融合，园林建筑与山、水、花木三个造园要素有机地组织在景观之中，彼此协调，互相补充，达到人工与自然高度和谐的境界。

图 5-4
徽州民居
来源：自摄

———

徽州村落建筑的群体造型构建也体现出了天人合一的思想，徽州村落依山傍水，在蔚蓝的天际间，勾出民居墙头与天空的轮廓线，增加了空间的层次和韵律美，体现了天人之间的和谐。

图 5-5
黟县西递胡贯三宅
来源：自绘

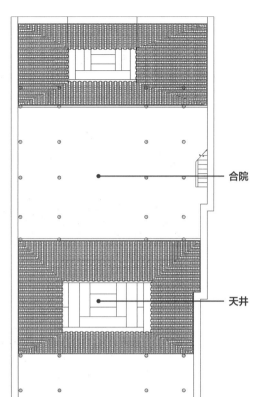

合院

天井

———

徽州单体建筑在营造建筑布局时，也注重建筑布局与自然的融合，多为"天井＋合院"的布局方式。天井连同民居中的一厅两厢，敞开式厅堂构成了徽派建筑的基本单元。这种"自然—天井—厅堂"一气贯通的半开放式的复合空间，使厅内见院，院内见厅，达到了自然环境同室内交融的良好效果。

图 5-6
黟县屏山某民居
来源：自摄

天井是沟通徽州民居室内空间与室外自然空间相互交流的重要一部分。徽人身处高宅之内，透过天井口沿，可见白云袅袅遮角，可听河溪流水淙淙，引入春风雨露，镶嵌月色阳光，咫尺天地，得尽人间春色，因而，每当伫立于厅堂之中，仰望苍穹，都可与自然山水互动，于闲静中慢慢品味人生，达到了"天人合一"的境界。

② 因地制宜（图5-7~图5-16）

图 5-7
婺源思溪七叶衍祥
来源：自摄

徽州人建造宅第时往往就地取材，在坚固实用、美观大方的基础上寻求朴素自然，清雅简单的美感。徽州古建筑以砖、木、石为原料，以木构架为主。梁架多用料硕大，且注重装饰。如图所示，横梁中部略微拱起，民间俗称为"冬瓜梁"。两端雕出扁圆形（明代）或圆形（清代）花纹，中段常雕有多种图案，通体显得恢宏、华丽、壮美。

叉手

蜀柱

莲花墩

月梁

雀替

图 5-8
婺源汪口俞氏宗祠
来源：自摄

建筑中立柱用料也颇粗大，上部稍细，明代立柱通常为梭形。如图中所示，梁托、叉手、蜀柱、雀替（明代为丁头栱）、斜撑等大多雕刻花纹、线脚。梁架构件的巧妙组合和装修使工艺技术与艺术手法相交融，达到了珠联璧合的妙境。梁架一般不施彩漆而髹以桐油，显得格外古朴典雅。

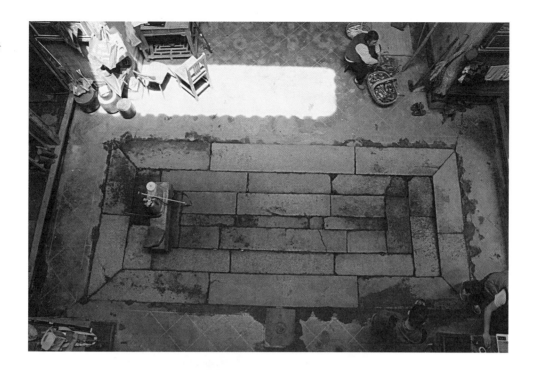

徽州盛产石材，比较著名的有"黟县青"、"凤凰石"，还有花岗石和青麻石、茶园石。石材除用来建造牌坊和街道地面外，也被广泛应用于祠堂住宅的营建中，除上图所示的天井、栏杆之外，徽州建筑中的照壁、漏窗等用青石、红砂石或花岗岩裁割成石条、石板筑就，且往往利用石料本身的自然纹理组合成图纹。

屋檐 ——

门楼 ——

门罩 ——

门套 ——

图5-11

绩溪龙川 胡炳衡
故居

来源：自摄

砖雕是用徽州盛产的质地坚细的青灰砖经过精致的雕镂而形成的建筑装饰，充分体现出了徽州传统民居因地制宜的特点。如图所示，广泛用于徽派风格的门楼、门套、门罩、屋檐等处，使建筑物显得典雅、庄重。它是明清以来兴起的徽派建筑艺术的重要组成部分。

图5-12
绩溪龙川胡氏宗祠
来源：自摄

九狮滚球满地锦

九龙戏珠满天星

徽州木雕，宅第木雕取材以柏、梓、椿、楠、榧、银杏、杉树为主，家具木雕以红木、乌木和楠木为贵。木雕题材以江南民间吉祥图案、宗教人物、戏曲故事、山水、花鸟虫鱼等为多。绩溪龙川的胡氏宗祠独树一帜，形成自有的艺术风格，可谓木雕艺术的一颗"明珠"。如图中所示的木雕，这些木雕均不饰油漆，而是通过高品质的木材色泽和自然纹理，使雕刻的细部更显生动。

图5-13
绩溪龙川奕世尚书坊
来源：自摄

图5-14
黟县南屏程氏宗祠
来源：自摄

图5-15
歙县徽商大宅院
来源：自摄

图5-16
婺源李坑李书麟
故居
来源：自摄

徽州石雕，取料的来源主要是青黑色或褐色的茶园石，内容多为象征吉祥的兽、祥云、八宝博古和山水风景、人物故事等，主要采用浮雕、透雕、圆雕等手法，质朴高雅，浑厚潇洒。石雕比较常见的比如图中尚书坊的石牌坊、程氏宗祠的抱鼓石、徽商大宅院的石狮、李坑某民居柱础等。

（2）宗法伦理

受宗族观念的影响，在取得与自然和谐的前提下，古徽州人对定居点的空间布局以及村形的设置，还赋予了特定的象征意义，用来表达对宗族祖先的崇拜和对富裕的向往。加之，徽州是程朱桑梓之邦，封建理学深入人心，宗法制度尤为完善。而祠堂作为宗法制度的主要物化载体，其构成处理更是深受宗法等级观念的制约，无论是外部形体，还是内部的安排和细部装修，均突出表现了尊卑有序、主次分明的封建等级观念。

徽州宅居作为徽州人日常生活居所，其布局也突出了"男女有别，长幼有序"的特色，严格遵循了宗法家族的孝悌伦理和礼乐秩序营造出主次分明、内外有别、尊卑有序的多元聚合。

　　除了宗祠与住宅外，徽州人伦理纲常思想同时也体现在牌坊上，古徽州人不惜重金兴建了大量牌坊，来旌表那些忠臣、孝子、义夫、节妇，以嘉奖前人、效法后世。徽州现在还存有大量牌坊，其中有著名的棠樾牌坊群和许国牌坊等。

　　① 村落形态与布局（图5-17～图5-20）

敬爱堂

　　受宗族观念的影响，在村落布局中，由于村落宗族聚居，宗祠在村落中的重要性不可言喻，因此在村落建筑组群组织时，一般严格遵从宗教礼法制度，围绕祠堂而建，如上图西递族谱村图所示，西递村的住宅围绕着敬爱堂的周围，体现了以敬爱堂为中心的团结一心的宗族意识。

祠堂

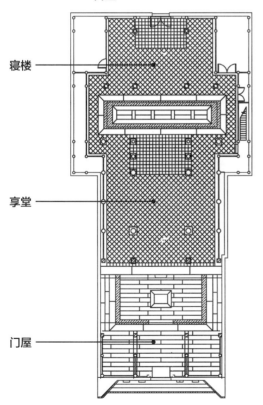

寝楼

享堂

门屋

　　祠堂平面布置采用中轴对称的四合院，轴线上有门屋、享堂、寝楼，这种轴线明确，对称方正的布局正是宗法观念的具体体现。如图所示，屏山舒光裕堂布局彰显了家族之中，各守其长幼尊卑的等级名分，座次必依主次先后，必须循规蹈矩，不准越格。同时，这也是等级礼仪的要求——男尊女卑、阳贵阴贱、左尊右卑（注：南面为尊，故东为左，西为右）等一系列规则在祠堂空间的分划上皆有鲜明的烙印。

鲍氏宗祠

牌楼

广场

图5-19
歙县棠樾鲍氏宗祠
来源：自摄

在建筑形体处理上，祠堂往往以其宏丽的规模、高耸的形象成为村中的标志性建筑。祠前建牌楼作为整个祠堂建筑群空间序列中第一道象征性的大门，以它高耸的形象，在人们心理上对祠堂产生一种神秘、压抑、肃穆、恐惧之感，以收到"祭祀务须以诚敬"之效果。同时，牌楼又是高贵、庄严的象征，宗族以此来炫耀家族的政治地位。如图5-19所示歙县棠樾鲍氏宗祠，大门两侧树立两座牌坊，给人以威严、肃穆的感觉，同时为满足功能上的要求，门屋前留有族众聚散的广场。

图5-20
婺源汪口俞氏宗祠
来源：自摄

祠堂在细部处理上也是极尽铺张之能，门楼、门罩砖雕精镂细刻。如图所示，婺源汪口村俞氏宗祠，其木雕部分倾全族之力耗时20年完成，这不仅是徽商财力雄厚的体现，也深刻反映出徽州人荣宗耀祖、昌胜宗族、博取名声的品性。

② 牌坊（图5-21、图5-22）

图5-21
歙县棠樾
来源：自摄

如图所示棠樾牌坊群共计7座牌坊和一座路亭，由东至西，依次为：鲍象贤尚书坊，鲍逢昌孝子坊，鲍文渊继妻吴氏节孝坊，乐善好施坊，骢步亭，鲍文龄妻汪氏节孝坊，慈孝里坊，鲍灿孝行坊。牌坊为统一形式，三间四柱三楼式，仿木结构，但表述的是不同的内容。

图5-22
歙县许国石坊
来源：自摄

明末建造的许国石坊（如图5-22），是皇帝表彰许国功绩，宣扬许国报效皇帝的忠君思想而赐建的。石坊平面是口字形，东西采用三间四柱三楼，南北为一间两柱三楼的冲天式牌楼。石坊前后左右都有题签镌刻。这些为弘扬儒家伦理道德观的纪念性建筑，是决定村落整体风貌的重要因素。

③民居形态布局（图5-23、图5-24）

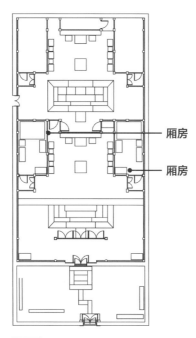

图5-23
黟县南屏慎思堂
来源：自绘

徽州宅居的典型对称布局突出"男女有别，长幼有序"的特色，严格遵循宗法家族的孝悌伦理和礼乐秩序。如图中南屏慎思堂所示，背阴向阳，以天井为核心成围合之势，居宅第之中以中轴线分列，面阔三间，大门进来，有一天井，天井左右为廊房，中为厅堂。左右次间为卧室，长者居上房（东侧），少者居下房（西侧）。前厅作为礼仪交往场所，是男主人接待男宾的；后堂为女眷儿女活动和接待女客的场所。

图5-24
婺源延村余庆堂
来源：自摄

许多徽州古民居在院门旁设轿厅、侧门的设置，突出男女长幼、房系嫡庶有序排列,营造出主次分明、内外有别、尊卑有序的多元聚合。如图中所示，延村余庆堂，在正门旁设轿厅，与后堂小门相连，供女眷进出。

（3）尊儒重教

"朱子阙里"的徽州，因程朱理学的根深蒂固、南迁士族的崇儒重教，仕途经商成为重要出路，崇儒重教成为社会风气，徽州教育出现了空前繁荣的局面，遍布乡村的书院、私塾是其主要体现之一。徽州至今仍保存有竹山书院、紫阳书院、碧阳书院、培阑书屋等书院。

除了营建书院之外，匾额楹联也是徽州尊儒重教的重要形式之一，无论是商贾豪宅、大姓宗祠还是普通人家、小型庭院，几乎都可见精心布置的匾额楹联。匾额中有很多勉励莘莘学子读书进取、奋发向上的内容，也有不少劝勉后人为人处世、安身立命的警句、箴言。而徽州古建筑，常饰以精美绝伦的三雕（砖雕、石雕、木雕）也发挥了"寓教于美"的作用。祠堂的门楼，居民的窗扇、门扇、门楼等，其雕刻内容往往是有关儒家尊儒重教思想的内容，是徽州人读书及第、福荫后代的美好愿望的物化表现。

① 书院与私塾（图5-25、图5-26）

图5-25

歙县雄村竹山书院
来源：自摄

崇儒重教是徽州传统社会风气，徽州教育出现了空前繁荣的局面，遍布乡村的书院、私塾是其主要体现之一。如图中所示雄村竹山书院建造起源于徽商，乾隆二十年（1756年）前后建成的。竹山书院建成后，当地出了不少人才。其中最有名的，当首推曹文植、曹振镛父子尚书。据史料记载，仅明清两代，雄村曹姓学子中举者就多达52人，其中还有状元1人。

上京赶考 ——

—— 状元及第

图5-26

婺源思溪花颐轩
来源：自摄

② 楹联匾额（图5-27、图5-28）

图5-27

黟县西递村履福堂
来源：自摄

如图中西递村"履福堂"厅堂题为"书诗经世文章，孝悌传家根本"、"几百年人家无非积善，第一等好事只是读书"，反映出履福堂的主人对儒学的推崇，让人感受到封建文人自命清高和孤芳自赏的情怀。

图5-28

黟县西递村笃敬堂
来源：自摄

西递村"笃敬堂"中有幅楹联却写到"读书好营商好效好便好，创业难守业难知难不难"可见古徽州的教育是以"育人"为根本的，不仅进行正统的封建文化教育，而且重视技艺教育，真正做到有教无类，各显其能。

2）"生死相依"

"生死相依"即阴阳相通，显示出人们对于人的生死、命运兴衰的重视，即徽人尤为重视的风水。风水在徽派建筑形成与发展的过程中起到了至关重要的作用。因为首先徽人将风水视为有关宗族兴衰的大事，风水术语中的"祖山"、"少祖山"、"主山"本身就是以血脉类比龙脉，自然而然的引发徽人对宗族兴衰的联想；其次，徽州自古好巫之俗，而巫祝与风水同源，从徽州广为流传的傩戏、傩舞则具有明显的风水成分，意为除阴寒不详之气；最后受朱熹思想影响，好五行阴阳风水之术，使得徽人尤为重风水。徽州风水文化在长期的传播过程中，实际上已经深受士林风水说、风水师实务风水、民间风水观念的影响。

士林风水传播对象以乡绅士林等社会名流为主，集中体现在徽州村落的选址与规划理念中，寻找龙脉所在并突出了水系的重要性；徽州实务风水师多为形法一脉，重视选择的地形、地势以及环境。如宏村规划由当时著名风水师何可达参考实务风水之说而定，实务风水对聚落景观的建设，突出表现为水口区，水口指的是河流出入村的区域，入水口曰"天龙"，出水口曰"地户"。按照徽州风水理论，水是财富的象征，水口乃地之门户，关系到村落人丁财富的兴衰、聚散，为了留住财气，必须选好水口，以利村落宗族人丁兴旺、财源茂盛。士林风水说和实务风水说在民间的扩散延伸，同时糅杂进去各种民间巫术、神仙传说等，具有很强的辐射作用，且渗透到了徽人起居生活之中，构成了徽州民间风水观念，具体可分为镇厌、禁咒、辟邪和祈福等民间风水观念。

在村落选址之初，风水学说对居住环境做了种种理想化的布局要求，以满足族人对宗族繁盛、财

（1）实务风水——村落选址（图5-29、图5-30）

最佳村址选择

最佳城址选择

图5-29

村落最佳选址图
来源：自绘

1 祖山	2 少祖山	3 主山	4 青龙
5 白虎	6 护山	7 案山	8 朝山
9 水口山	10 龙脉	11 龙穴	

源广进、文运兴旺的希冀。传统风水学说对于村落外部环境的要求是：背靠主龙脉生气的祖山、少祖山、主山。左右是左辅右弼的砂山——青龙白虎，前有屈曲牛情的水流绕过，或是带有吉祥色彩的弯月水塘，水的对面要有对景案山，更远处是朝山。这种对称均衡的布局方式基本上是坐北朝南，有时鉴于实际的山势地形，只要符合上述格局，其他的朝向也是可以采用的。也有人将徽州村落的风水格局理解为内向封闭的防御心态的外延，即：以主山、左青龙右白虎、曲水案山为第一道封闭圈。以少祖山、祖山、护山及朝山构成第二道封闭圈。风水中有大量的说法将山川形势的种种与宗族的兴旺与否作了对应联系。

凤山

龙川

天镜山

登源河

绩胡公路

朝笏山

图 5-30

绩溪龙川
来源：自摄

徽州士林风水对村落、阳宅基址自然环境的认知分为觅龙、察砂、观水、点穴四个重要步骤。"龙"指地脉的行至起伏："砂"，指主龙四周的小山。如图中的龙川，村东耸立着龙须山，因盛产造纸的龙须草而得名。村西是凤山，因山头形似鸡冠。村南有天马山，西南有朝笏山和石镜山，北边是登源河。这里好似一个盆地，龙川村仰卧其中。龙川非常符合风水上的负阴抱阳、背山面水的要件，龙、穴、砂、水、向具备。龙川村是船形地，仿佛是一条靠岸的船，登源河和绩胡公路包围着村庄，形成一个纺锤形，极似一只船，而船形寓意"一帆风顺"。

（2）实务风水——水口（图5-31~图5-36）

实务风水对聚落景观的建设，突出表现为水口区，水口指的是河流出入村的区域，入水口曰"天龙"，出水口曰"地户"。

图 5-31

绩溪冯村
来源：自摄

在徽州只有少数村落同时考虑了天门地户，如图中所示的绩溪冯村，冯村在上水口架设安仁桥，并在桥上方围设"天门"；在下水口筑理仁桥关锁水流，并建台榭于桥下方，象应"地户"；四周狮、象、龟、蛇几座山作陪衬，狮象守天门，龟蛇把地户，天门开，地户闭，给予村落极为强烈的安全感。

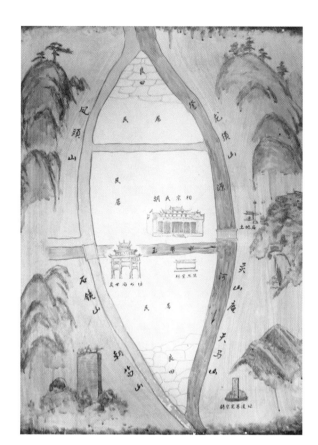

图5-32

龙川地势图
来源：资料翻拍

大多数村落只考虑地户，因为徽州人认为村落多枕山面水，入水溪口多发自村落背部用以屏障的山脉，无需多虑，如图以唐模水口为例，既有水口，又有园林，利用不同的山势、冈峦、溪流、湖塘等自然形态，加工营造，配置以桥梁、亭阁建筑，增加锁匙的气势，扼住关口，加上茂密的树林，形成优美的园林景观反映了徽商在兴旺时期的环境意识和对物质及精神上的追求。

图5-33

黟县西递村
来源：村落族谱

水口有自然形成的，如黟县西递村的水口处，西递水口进来有三座古桥，最外面一座为环抱桥，其右，山盘如蛇，巅耸楼阁；其左，山宛如龟，寺院坐落其间，当地人称之为"水门亭"。在两山夹峙、水流陡转的地段，兴建如此隆重的建筑群体，足见古人对"地户闭"的强烈愿望。

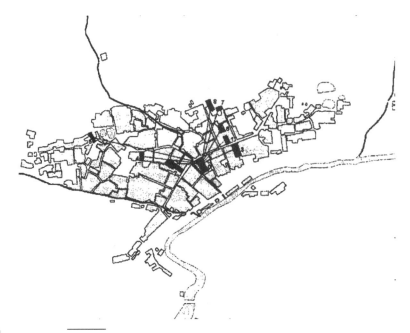

图 5-34

歙县瞻淇村
来源：自绘

有些水口会被人工改造，如果水口河道畅通顺直，达不到聚气锁匙的效果，风水师会将河道改道使其曲折，如歙县瞻淇水口即人工改道为"之"形。

图 5-35

婺源思溪通济桥
来源：自摄

最常见也最普通的是以桥为主作"关锁"，辅以树、亭、堤、塘等。其实,抛去风水的吉凶观，桥无论在组织村落的外部入口序列的路线还是在景观上，都起有良好的作用，如图所示为廊桥。

大观亭

牌坊

高阳廊桥

图5-36

歙县许村
来源：自摄

有较高的人文层次的村落水口则以牌坊、文昌阁、奎星楼、文风塔等高大建筑物为主，辅以庙、亭、堤、桥、树等，不仅为一种象征意义，而且弥补自然环境的缺陷，使景观趋于平衡和谐。

（3）民间风水

徽州民间风水学说普遍体现在建筑的朝向以及镇符上。风水学说认为，"南主火，火克金"，与商家的金钱及徽州村落的拥挤建筑群不利，因而徽州村落的建筑少有朝正南的。宅门的开启方向也有章法，如不然，则大凶，"门对丁字路口不吉"，"开门见墓不吉"，"屋角飞檐冲煞"，"窄巷直对开门不吉"等等，因而，徽州村落宅门如面对山头、坟头、墙头、墙角、瓦头、树梢、巷道等，总是退一空间，或转一角度，退出不规则空间开门，而直对丁字路口的门，则通过一门廊或院落空间转承，改变门的方向，以求得好运，这样也促成了徽州村落民宅入口空间的多样过渡空间处理。徽州民间风水与建筑装饰也密不可分，有些建筑装饰与建筑结构已融为一体，常见的镇厌辟邪物有门饰、墙饰等等，在民间很普遍。

民间观念影响的另一方面，是祈福装饰。它广泛地见于徽州建筑中砖雕门罩、门坊、八字门、石雕柱础、台基、木雕福扇、梁枋等。从题材来看有人物、器物、佛八宝、动物、植物、文字以及组合型图案，比如具有故事情节的雕刻等等。

① 镇厌、禁咒、辟邪（图5-37～图5-42）

徽州民间风水学在朝向等方面讲究颇多，如图所示理坑七家门直对窄巷，用圆拱形门化解，又如理坑天官上卿第，门对丁字路口，于是改变方向并退让一定距离以化解不吉。

图5-37
婺源理坑七家
来源：自摄

图5-38
婺源理坑天官上卿第
来源：自摄

图5-39
徽州呈坎某民居
来源：自摄

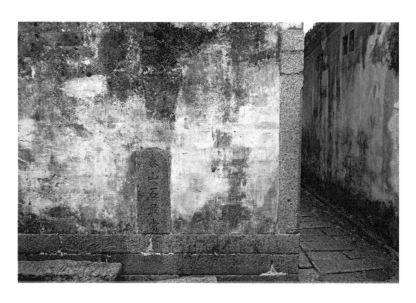

徽州民间有很多禁忌和崇拜，"石崇拜"就是其中很特别的一种崇拜，将小石碑（或小石人）立于桥道要冲或砌于房屋墙壁，上刻（或书）"石敢当"或"泰山石敢当"之类，要禁压不祥之俗，在徽州民间甚为流行。元代陶宗仪《南村辍耕录》中记载"今人家正门适当巷陌桥道之冲，则立一小石将军，或植一小石碑，镌其上曰石敢当，以厌禳之"。

图 5-40
婺源某民居
来源：自摄

图 5-41
婺源汪口俞氏宗祠
来源：自摄

　　徽州民间风水与建筑装饰也密不可分，有些建筑装饰与建筑结构已融为一体，常见的镇厌辟邪物有门饰、墙饰等等，在民间很普遍。门饰，门上多装门钹，铺首，清代《字沽》所说："门户铺首，以钢为兽面御环著于门上，所以辟不祥，亦守御之义"，如图中所示铜兽门环。据《太平御览》载："海中有鱼虬，尾似鸱，激浪即降雨，遂作其像于尾，以厌火烊。"徽人脊顶装饰物即此类怪兽，用其以避火灾。马头墙饰，垛头金花板上安置各式"座头"，或为鹊尾，印斗，取其吉天大利，升官发财之意，座头之上或为哺鸡，天狗，取其司晨防盗，趋邪化煞的功能。

图 5-42
黟县西递村
来源：自摄

图5-43

婺源思溪村花颐轩

来源：自摄

图5-44

婺源思溪百寿花厅

来源：自摄

② 祈福（图5-43～图5-51）

徽州民间风水中，常见的还有祈福装饰。祈福装饰题材中，人物有魁星（八仙使用的器物，如芭蕉扇、天官、八仙、门神、寿星，器物有暗八仙、阴阳牌、玉笛、葫芦、宝剑、荷花篮、渔鼓）、佛八宝（法轮、法螺、宝伞、华盖、莲花、宝罐、金鱼、盘长），动物如狮虎象豹、龙凤、麒麟、龟、鹿、喜鹊，植物如松、竹、梅、兰、菊、杏花、海棠，文字如福、禄、寿、宝等。而其"吉祥物"选择的标准是其谐音，或人类赋予它的内涵，诸如：鱼——谐音为"余"，象征"吉庆有余"；蝙蝠——谐音"福"，象征"美满幸福"；扇子——谐音"善"，象征"积德行善"；鹿——谐音"禄"，象征"丰衣足食"；竹子——象征"君子"；水仙花——象征"神仙"；龟、鹤——象征"长寿"；石榴-象征"多子多福"；云彩——象征"祥瑞"；狮子——象征"威猛"等等。

木雕的题材也代表了不同的寓意，如下图所示，三英战吕布寓意一家人要团结一心；张生跳墙寓意夫妻恩爱，九世同堂又称百忍图，寓意为人处事求大同存小异，和睦相处；百子闹元宵对希望子孙繁衍生息的生殖观念的象征表达；福禄寿世俗意味浓厚的祈福纳寿。

图5-45

黟县卢村志诚堂

来源：自摄

图5-46

徽州潜口胡永基宅

来源：自摄

图5-47

婺源理坑诒裕堂

来源：自摄

图5-48

婺源延村训经堂

来源：自摄

图5-49

婺源理坑诒裕堂

来源：自摄

图5-50

黟县宏村承志堂

来源：自摄

图5-51

婺源延村训经堂

来源：自摄

3）内外兼容

（1）移民文化

徽州古村落的规划虽有共性元素，如水口、水圳等，但因迁祖文化背景不同，所以又呈现不同的个性。有的以北方中原唐朝主要城市的规划理念为主，融入地方规划理念。

徽州有的古村落是宋时城市的规划理念与地区文化的结合，不过他们虽都是南北建筑文化交融的结果，但因趋于时代不同，也使徽州古村落显示不同的村落景观与文化意蕴。

远朔秦时，古人就深深认识到水对生活的重要性，据出土文物推测，秦时的城市，已有较完备的地下水系，而皖南山区、水源充沛，本应以自然水渠为主要生活用水，这样完备的人工水系与自然水源——水溪结合，就是先祖的理水经验与地域水源特征的完美结合。徽州古村落几乎都有完备的水系、水圳。水圳是自然水渠沿堤岸稍加整理，而水沟多"暗藏"地下，为人工修筑，这也是在某种程度上受先进的中原城市地下水网设施的启发。

① 村落规划与水系（图5-52、图5-53）

徽州古村落因山区地理特征，村落民居多半因地制宜，随坡就势，巧借环境，村景高低错落，丰富别致，群体布局轴线感不强，有南方民间建筑的活泼与构图美。但村中用于祭祖的公共建筑如祠堂、坦则规整、严肃，显示北方城镇风韵。徽州古村落的祠堂皆为多进院落组合，平面、立面有明显的中轴对称，且强化前后、上下、左右既定的位置。

在居住建筑方面，皖南山区气候湿润，山谷盆地较为封闭，为防止瘴气，古山越人宅居形式主要为"干栏式"建筑。"干栏式"建筑适应徽州地区的地理环境，具有较好的干燥、通风、采光和安全性能。汉魏以后，战乱频繁，自东晋起，大批中原望族、缙绅冠带为躲避战乱纷纷南迁于此。中原士族的迁入，不仅改变了这里的人口数量和结构，也带来了中原地区先进的文化。中原文明与古越文化的融合，直接体现在建筑形式上。北方宫殿庙宇"抬梁式"木构体系，它的优点是适宜较大体量建筑，并能阔大空间。徽州木构将"抬梁式"与越人分布地区"穿斗式"结合。厅堂等建筑主体部分用插梁和抬梁，以获得开阔的空间。

图5-52

绩溪石家村
来源：http：//
www.jdcjq.gov.cn

如图中所示绩溪石家村，世代聚居的是北宋开国名将石守信的后裔。迁祖建村规划时，将村庄的街巷设计成方正垂直有如棋盘，故石家村又称"棋盘村"。村落的街巷南北五条，东西九条，街巷每尽头设券门，朝启暮闭，有唐时古城"里坊制"规划的痕迹，这种经纬分明的巷弄、块状分隔的"里坊"带有显著的中原都城规划印迹，而村落的建筑是典型的徽派民居，徜徉村中，可强烈感受这种南北文化的交融。

图5-53

徽州区唐模
来源：自摄

如图徽州区唐模村，村中主要生活公共区沿水圳而设，有酒坊、茶楼、戏楼、祠堂；沿水系街景丰富、富于变化。无论是店肆、作坊、祠堂、居民、建筑都为徽派风格。

② 建筑形制（图5-54、图5-55）

图5-54
呈坎宝纶阁
来源：自摄

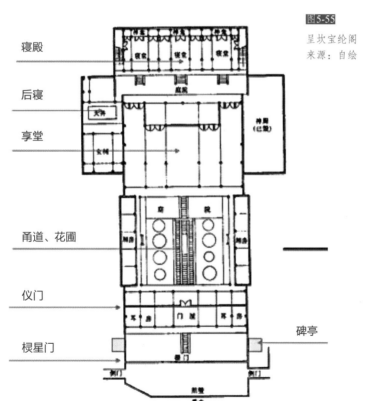

图5-55
呈坎宝纶阁
来源：自绘

寝殿

后寝

享堂

甬道、花圃

仪门

棂星门

碑亭

如图所示宝纶阁平面、立面有明显的中轴对称，且强化前后、上下、左右既定的位置，充分显示了对祖先的尊敬，强化了家族的统治，明显受汉时礼制建筑形制的影响。而包括居住建筑在内的内天井四合院楼居的建筑形式，正是"穴居"与"干栏"的不同建筑特征的融合，如呈坎的明宅，屏山的明初民宅，潜口民居都呈现如此特征。

③ 建筑木构（图5-56、图5-57）

图5-56
呈坎宝纶阁
来源：自摄

歙县呈坎罗东舒祠寝殿"宝纶阁"，以开阔的空间置于民间祠堂，山墙面，则采用穿斗结构，形成"插梁穿斗组合式"。

图5-57
潜口曹门厅
来源：自摄

徽州建筑木构继承发展了北方"彻上明造"艺术处理方法。一方面，它保留了诸如"梭柱"、"月梁"等明清已罕见的唐宋做法；另一方面，又以徽雕工艺来加工这些艺术构件。以潜口民宅为例，它结构的价值主要出自两方面：其一是它罕见的宋式做法所具的建筑史学价值，诸如汪氏支祠的"曹门厅"木构中沿袭的"禅宗样"古法：大斗下加设古称"照板"的垫板，大斗凹角刻作凹入的海棠瓣，宋代称作"讹角斗"。其二是它精美得体的徽雕。如梭柱、月梁、荷花墩、叉手、斗栱，都有精美的雕刻，尤以其枫栱宛如流云飞卷。

（2）西洋文化

传统徽派民居建筑性格封闭，高墙院瓦，实面多，开窗少，而太平天国运动之后的民居性格则趋于开朗，随着封建伦理道德秩序的弱化，使得有的住宅天井进一步缩小，天井周围楼层，常常采用走马廊形式。有的建筑受西方殖民地式建筑影响，墙大面积开窗甚至使内廊开敞，或将用于内廊的美人靠移至外墙；有的则采用镂空铁艺栏杆院落。窗户的扩大使得建筑部分采光依靠窗户，对于天井的采光依赖性降低，天井逐渐收缩，这使得布局显得紧凑。甚至随着透明玻璃的使用，出现了天窗替代天井的做法。

清末而建的村落建筑，外立面虽保留了门楼、马头墙等外观敏感要素，但窗棂已明显简化，开始运用曲线，以一些平面图案代替原先的叠涩、雕刻等立体装饰。建筑细部的门扇、窗棂仍是精雕细刻，但三雕的内容已由原先以故事、人物、戏文、植物为主，向以几何图形组合为主转变，写意程度明显降低，图案性加强，审美情趣已由中式向西式转变，带有西洋建筑文化的痕迹。

① 建筑性格（图5-58、图5-59）

图5-58

婺源庆源詹励吾母宅

来源：自摄

如图中所示詹励吾母宅，使西方建筑的几何形态美与徽州木雕精丽熔为一炉，出现了天窗替代天井的做法。

图5-59
黟县南屏小洋楼
来源：自摄

徽州建筑的屋顶脊间变化较少，南屏"小洋楼"，一改徽州天井组合平面的形制，以巧妙的楼梯组合堂周边的厢房，楼梯可上屋顶瞭望阁，阁周边设美人靠，四周开敞，是全村至高的观景点，虽从用材、用色来看，仍是徽派的建筑，但已明显变异，是徽州建筑文化与西洋建筑文化融入一体的变异徽派建筑。

② 建筑立面（图5–60、图5–61）

图5-60
婺源孝峰涵庐
来源：自摄

图中涵庐，窗楣已明显简化，开始运用曲线，沿街立面大面积开窗，且将马头墙拱起。

图5-61

婺源庆源詹励吾
母宅
来源：自摄

明清末期的徽州建筑，开始以一些平面图
案代替原先的叠涩、雕刻等立体装饰，并
一改大面积白色墙体，如詹励吾母宅，采
用磨砖对缝砌筑墙面仿西方古典府邸追求
厚重感、质感和量感的风格，同时窗楣采
用半圆形窗券，隅石护边，为典型文艺复
兴风格不失为西方建筑（如阿尔伯蒂设计
的鲁兰齐府邸）的变体。

③ 建筑细部（图5-62～图5-64）

图5-62

婺源旸峰涵庐
来源：自摄

豸峰涵庐，窗户雕刻已由繁琐的传统木雕形式向几何形式转变，同时采用西洋建筑材料：玻璃，除此之外还有训经堂采用了变色玻璃，绣楼采用彩色琉璃砖，都体现出了地方建筑材料与西方科技建筑材料的合用。

4）贾而好儒

（1）经济支持

徽商萌芽于东晋，但早期徽商发展缓慢。南宋期间，北方汉人大量南迁，婺州人口急速增长，土地压力增大，迫使更多的徽州人外出经商。明中叶以后，徽州商人崛起，雄踞中国商界。致富后的徽州商人，为了报效桑梓和光宗耀祖，将大量资本返回家乡，其中最重要的一项就是对建筑的投入。

除传统居住建筑之外，受传统宗法制度的影响，徽州大量兴建家乡公益性建筑，如宗祠、牌坊、书院、戏台等，而徽商的存在则为这些公益性建筑的出现提供了坚实的经济基础，因此也给后人留下了大量宝贵的古建筑财富。可以说，徽州建筑的成长离不开徽商。

① 祠堂、牌坊（图5-65～图5-67）

图 5-65

绩溪龙川胡氏宗祠
来源：自摄

明清祠堂建筑的众多，应主要归功于徽商的资助，因徽商的宗族观念很重，且有红顶商人、家族经商的性质，外出行商，总是按血缘、地缘聚居，以这种亲情血缘关系为纽带的宗族团体参与市场竞争，在集聚财力、人力及安全方面都占有很大优势。捐助祠堂有利于宗族的稳定，因而徽商是乐意的。徽州祠堂较民居而言，如图胡氏宗祠，规模恢宏，精美绝伦，建筑的室内外空间，入口门楼都在无声宣扬着宗族的权力，体现着家族经济实力。

图 5-66

歙县棠樾鲍文龄
妻汪氏节孝坊
来源：自摄

图5-67
歙县棠樾鲍文渊
继吴氏节孝坊
来源：自摄

徽商经商常年在外，妻子居家，贞节行孝方能解除后顾之忧。所以，徽州境内哪村出贞女、烈妇、孝女，定会倾力为其建牌坊，以树榜样。棠樾牌坊群7座牌坊，如图所示其中有2座为节孝牌坊，一是汪氏节孝坊、一是吴氏节孝坊。"节妇烈女惟徽最多"，至清光绪三十一年（1905年），据统计在册的贞烈妇女已有65078人，故建一贞节总坊以示纪念表彰。

② 书院、戏台（图5-68、图5-69）

图5-68
歙县棠樾紫阳书院
来源：自摄

受程朱理学教化，徽商以儒商为主流，贾而好儒。官商合流造就了徽州的兴盛，因此徽人在经商的同时，大多将当官作为自己的毕生梦想，为实现这个愿望，徽人便重儒重学，在家乡大办书院，兴学习之风。如歙县棠樾鲍志道，"敦本好义，增置城南紫阳书院膏火。偕曹文敏公倡复古紫阳书院，出三千金以落成之。"

图5-69

祁门会源堂
来源：自摄

除捐资兴建祠堂、牌坊、书院之外，徽商对于清时期徽州建筑的影响更多是"逸性文化"的浸淫，使徽州建筑日趋风俗化。突出表现就是戏台多，如图所示祁门县会源堂，此外还有伦述堂、余庆堂古戏台等。

（2）审美影响

徽州商人"商而兼士，贾而好儒"，具有较高的文化素养，他们在宅居建筑中注入了自己对住宅的布局、结构、内部装饰、厅堂布置的个性化追求，影响了徽人的审美观，促使徽派民居建筑逐渐形成风格独特的建筑体系，不仅具有功能的实用性，而且蕴含着丰富的徽商文化内涵。

从古至明清，士、农、工、商"四民"正是中国传统社会构成的基石，士为首为尊，农次之为本，工商居后为末，商人的社会地位和政治地位始终是最低下的。但是，可以说没有徽州商人在外的打拼就没有徽州的繁荣与发达。徽商对这种不公平的待遇极力进行抗争，但是受传统思想影响，这种抗争只能是无声和消极的，只能体现在建筑装饰上，以此可见徽商的审美情趣。

① 商字门（图5-70、图5-71）

图5-70

婺源理坑崇德堂
来源：自摄

徽商审美观在徽州建筑装饰中的集中体现便是"商"字门。"商字门"，一是指住宅外部"商"字门楼，徽州方言中的正屋大门为"门阙"。阙是古代封建制度中贵族的标志建筑，平民人家显然没有"阙"一说，如图所示崇德堂门楼，将"阙"顶部精华特点转移到门楼顶上，"阙"翘起的外形与元宝相似，象征着财富与徽州古人想聚财并期盼富贵的愿望。由于门楼处于"光天化日"之下，对于好攀比的徽人而言，不惜千金修建门楼不足为奇，意味着"人生之富贵体面，全然在咫尺之间"。

图5-71

歙县卢村志诚堂
来源：自摄

"商字门"另指建在厅堂仪门的边门上方或过道上的"商字门"，其门头梁上方一个元宝托，可视为"商"字的一点，左右下方各有两只雀替，构成了商字的一横和两点。从造型上看，形如一个"商"字。"商字门"的设立，具有其丰富的内涵，暗示着不论你为何人，只要来到我门下，必须从我"商"下过，是徽州商人出于自尊的设计，同时也暗藏着浓厚的聚财心理。

② 三雕（图5-72、图5-73）

图5-72

婺源李坑大夫第
来源：自摄

———————

徽商的审美观还体
现在徽州传统三雕
中，在徽州建筑雕
刻中，徽州商人也
会把自己的人生经
历、理想等等表现
在其中。比如上图
所示大夫第砖雕，
寓意着书中自有颜
如玉，书中自有黄
金屋的读书至上的
思想观念。

图5-73

歙县卢村雕花厅
来源：自摄

———————

在徽州建筑雕刻
中，由于封建住宅
的等级制度明确规
定"庶民庐舍，洪
武二十六年定制，
不过三间、五架，
不许用斗栱，饰色
彩。"富而不贵的
徽商，在建筑的形
制上受到限制，将
财富投向内部的装
饰上，通过三雕来
显示其富有。如图
所示雕花厅内的描
金木雕。

（3）空间需求

　　徽商除了在经济以及审美方面对徽州建筑产生了重大的影响之外，对徽州民居的空间方面也产生了一定的影响。首先便是徽人对聚气空间的需求，徽商的大量存在使得徽人有着对水的独特的要求和认识，他们认为水即是"气"，而"气"可生财，因此在古徽人村落及建筑营建的过程中较为重视水的利用，营建一定的聚气空间，体现为建筑与河流的空间关系以及建筑内部的空间布局；徽州男子出外经商，家中常居妇女、儿童，故安全防御意识明显体现在村落的规划及建筑风格上，相应的防御空间也成为徽州建筑必不可少的一部分，比如窄巷、高墙、小窗，族人守望相助，密集而居，巷口设券门，朝启暮闭，夜晚有更夫巡逻等等。

① 聚气空间（图5-74、图5-75）

漏窗

图5-74

黟县屏山某民居
来源：自摄

在建筑入口选择时，徽商讲究"聚财"、"生财"、"隐财"，村中水圳两岸本是较好的择居之地，但惧"流水带走财气"，沿水而居民宅多不正对水圳开门，而是以墙封闭，形成入口院落，由侧门进入，或将门转向开启，形成丰富的入口空间。如图中所示屏山某清代民居，沿水圳筑墙，墙上留漏窗，形成入口转接空间，又可于院落观水圳景色，既保住了"财气"，又欣赏了景色，这种心理，也造就了屏山沿吉阳溪两岸丰富的村落景观。

图 5-75

黟县屏山某民居
来源：自摄

建筑内部布局对于水的认识，主要反映在天井上。天井的四面屋顶均向天井倾斜，使屋前脊的雨水，顺势纳入自家天井，叫作"四水归堂"，有"四面财源滚滚流入"之意。天井中开凿水池，蓄存积水，也有把财气蓄积家中不外泄之意。石板地漏图案雕成古钱形，寓意从地漏漏下的雨水全是财气之水，即"流银"。天井的设计，是精明的徽商聚财思想的体现。

② 防御空间（图5-76、图5-77）

图 5-76

雨自天井流入
来源：自摄

防御要求，使徽州建筑有了内向、封闭的性格，如图中所示婺源庆源，雨天村头走到村尾而身不湿，可见村众聚族而居，建筑内聚发展。

图5-77

黟县宏村承志堂
来源：自摄

墙内隔板

外墙

传统徽州民居防御空间的营造除了体现在
村落发展布局之外，还着重体现在室内空
间的营建上，如图所示承志堂外墙里侧，
增加了一层木质墙板，具有防盗的功能，
一旦深夜盗贼掘墙打洞，触及木板发出声
响，提醒家人防备。

2. 徽州建筑的风格特征

1）徽州单体建筑风格特征（图5-78~图5-85）

徽州民居的平面布局基本方整，绝大多数都以围绕扁平长方形天井为基本单元，单元
之中的房屋呈三面或四面围合，轴线取中，两厢对称。正房一般面阔三间，明间临天井。
两侧辟有厢房，可住人或起到调节起居的作用。山墙多数做成硬山封火山墙，墙头部分的
造型丰富。徽州民居徽派古建筑以砖、木、石为原料，以木构架为主。梁架多用料硕大，
且不施彩漆而髹以桐油，显得格外古朴典雅。在装修雕饰上突出的地方性特色，是将架梁
斧砍略带弧形，做成月梁。一般梁断面粗大，梁头部浅刻一条凹槽曲线，形似新月。另外
窗扇的形式规整美观，窗下的木雕镂刻栏板刻工精细。连续的排窗衬托在大片木墙之间，
相互对比，显得格外精巧细致。外部的砖雕，无论是出现在门罩窗楣上，还是庭院隔墙
上，刻工磨工都堪称艺术佳作。徽州古建筑的建造多就地取材，因地制宜，砖、木、石皆
取自原地，且建筑与大自然之间存在一定沟通，相互融合，使徽派古建筑达到了一种"天
然去雕饰"的自然美。整体建筑处于一种封闭的建筑环境之中,但由于建筑天井、窗饰独
具匠心的设置，使得封闭的建筑通透起来。

图 5-78
婺源俞氏宗祠外观
来源：自摄

图 5-79
婺源俞氏宗祠内景
来源：自摄

墙角、天井、栏杆、照壁、漏窗等用青石、红砂石或花岗岩裁割成石条、石板筑就，浑厚凝重。而精巧的三雕以及艳丽的彩绘则使得徽州古建筑在古拙的基础上而又不失其精致。

图5-80

黟县卢村思成堂

来源：自摄

规矩而不失灵活。徽州古民居一般均坐北朝南，倚山面水，讲求风水价值。布局以严格中轴线对称分列，面阔三间，中为厅堂，两侧为厢房，厅堂前方称天井，高墙小窗表现出了其严格的内向趋势，并体现了徽州建筑的守矩。

图5-81

黟县卢村志诚堂

来源：自摄

建筑随坡就势的格局，充分利用天然的地形、地貌进行规划设计，并且易形成多进的多单元建筑组群的特点也使得徽州古建筑不失灵活的一面。

图 5-82

徽州区呈坎罗东
舒祠

来源：自摄

图 5-83

歙县徽商大宅院
木雕

来源：自摄

雕琢而不失自然。徽州古民居三雕精美，体现出了徽匠高深的技
艺，使得徽州古建筑成为精美的艺术品。

图5-84

徽州区潜口洪宅

来源：自摄

封闭而不失通透

民居外观整体性和美感很强，高墙封闭，
马头翘角，墙线错落有致，黑瓦白墙，色
彩典雅大方，整体建筑处于一种封闭的建
筑环境之中。

图5-85

徽州区潜口古懿堂

来源：自摄

建筑天井、窗饰，沟通建筑内外空间，联
系房屋群落，使封闭的建筑通透起来，使
房屋群落都达到与环境巧妙结合的意境。

2）徽州建筑组群风格特征（图5-86～图5-92）

徽州建筑的村落整体限定和控制在自然环境之中，"依山建屋，傍水结村"，跌落的马头墙与起伏的山脉相映衬，平淡的单体汇成气氛强烈的群体效果，整个建筑群与自然环境巧妙地结合在一起。村落布局围绕宗祠等礼制性建筑为核心，聚族而居，"枕山、环水、面屏"，因地制宜地考虑山势水体，这种选址模式有地势高爽、视野开阔之利，得自然水系之便，无洪旱灾害，方便生产生活，巧妙地使村落或随坡就势，或依山傍水，掩映在自然山水的怀抱之中。这种依山造屋，傍水结村的村落布局，巧妙利用自然环境的特点，顺山势与溪水流向而建，起到了调节风向、风力、温度、湿度的作用，从而形成冬暖夏凉舒适宜人的区域小气候。徽州村落民居建筑的选址和布局，体现出依山傍水，随坡就势的格局，即利用天然的地形、地貌进行规划设计，通过适量采用花墙、漏窗、楼阁、天井等建筑手法，沟通内外空间，以使建筑达到与环境巧妙结合的意境。同时村落轮廓线控制于马头墙，建筑平面的灵活布置使马头墙高低起伏、交叉贯通，马头墙的黑瓦轮廓线呈现出有断有续、似断实连的韵律感（如图5-92）。

图5-86

徽州某村落鸟瞰
来源：自摄

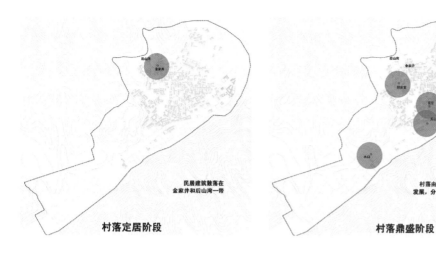

村落定居阶段

民居建筑散落在
金家井和后山湾一带

村落鼎盛阶段

村落由衍庆堂向理源溪
发展，分化成多个中心

图5-87
婺源理坑村落发
展图
来源：《旅游对徽
州古村落的影响比
较研究》(吴慧敏)

图5-88
婺源理坑村水街
来源：自摄

清逸

古村落多坐落在青山绿水之间，依山傍水，与亭、台、楼、阁、塔、坊等建筑交相辉映，粉墙、青瓦、马头墙、砖木石雕以及层楼叠院、高脊飞檐、曲径回廊、亭台楼榭等的和谐组合，构成"小桥、流水、人家"的优美画面，使得徽州古村落享"中国画里的乡村"之美誉。

图 5-89

徽州区呈坎水口
来源：自摄

图 5-90

婺源汪口村全景
来源：自摄

生态

村外，山清水秀，红杨翠柳；村内，清渠绕户，黛瓦粉墙。村落选址对于风水的考究源于对于生态环境的追求，村内水系的分布体现了自然环境在村内的延续以及与村内各部分的联系与交流，充分展现了村落选址与布局的生态性。

图5-91

黟县南屏村
来源：自摄

图5-92

黟县西递村
来源：自摄

韵律

较灵活的多进院落式布局，使建筑平面布局多是以天井为中心围合的院落，高宅、深井、大厅，按功能、规模、地形灵活布置。

3）徽州园林风格特征（图5-93～图5-99）

徽州古园林始于南宋。其建造以"天人合一"为主导思想。由于受程、朱理学思想的影响，徽州园林注重人与自然的和谐，人与环境的统一。以徽文化内涵为基本内容。从园林结构到园名构思，从景点名称到景物布置，无不体现徽州文化的底蕴。以徽州地理山水为背景。徽州山水迤逦，丘陵起伏，地少形狭，山高水长，这样的地理状况制约着徽州园林的范围、格局、体式。因此，靠山采形，傍水取势，顺其自然就成了其一大特色。其实质就是师法自然。虽然它有少量外来装饰元素作点缀，但绝大部分基本上都是以徽州本土的动植物为素材进行装点的，尤其是以徽州的梅、竹、松、石为基本素材建园，一方面是降低成本，更重要的是求得园内构建与园外大环境的和谐与统一。园林以徽派建筑风格为基调。有的坐落在庭院之中，与粉墙黛瓦的徽派建筑浑然一体；有的虽然建筑不多，但点睛之处无不彰显着徽派建筑的风韵。徽州园林以幽静怡人为目的，它虽然具有游玩、观赏、修身、养性、聚会等多种功能，但幽静是第一要义。因为修建园林，主要是达官巨贾们退隐后而享用的，或者是为退隐而做准备的。只有幽静，方能修身养性，只有幽静才能使人身心放松，延年益寿。

图5-93

花窗
来源：自摄

雅致

徽人偏爱精巧雅致的美学趣味，徽州园林建筑将纤巧雅致推到极致。表现为园林雕刻常为铺满雕刻，并配以细小琐碎的纹饰图案、细腻入微的刀法。修建园林，主要是在庭院内，或是依附于建筑建造，以徽派风格为基调，有的园林虽然人为加工不多，但点睛之处无不彰显着徽州园林的雅致。

图5-94
徽商大宅院
来源：自摄

图5-95
徽商大宅院
来源：自摄

徽派园林融入了一套既定的生态伦理秩序，从主山、少祖山等称谓就可看出其中的伦理关系；在园林内部布置中，亭台楼榭等常常按某一预定秩序支配，规矩到近乎刻板，鱼塘水池多取矩形半月形等几何形态，盆景也一字排开，甚至局部采用中轴对称布局。

图 5-96

婺源理坑花厅
来源：自摄

图 5-97

黟县卢村双茶厅
来源：自摄

紧凑

由于此种特殊的地理环境和资源条件，徽派园林布局多精练紧凑，建筑物尺度以及园林植被都有所控制，更多使用盆景，且常常将农耕渔樵纳入园林景观。

图 5-98
徽州区呈坎水口
来源：自摄

图 5-99
西递一景
来源：自摄

色纯

徽州园林整体建筑色彩以黑、白、灰为主配以自然的花红柳绿，色彩简单却又蕴含神秘与变化。其以当地丰富的黏土、石灰、青石、杉木为主要材料修建的徽派民居精巧雅致，美轮美奂。远远望去，清一色的黑瓦白墙，对比鲜明，加上色彩斑驳的青石门（窗）罩和清秀简练的水墨画点缀其间，愈显得古朴典雅，韵味无穷，清淡朴素之风展现无遗。

4）徽州建筑色彩风格（图5-100~图5-105）

徽州建筑色彩的特点可以用粉墙黛瓦这个词来概括。高耸的封火山墙、深黑的鱼鳞瓦、灰白的墙体，上下错落，交相辉映，成为徽州民居最具有代表性、最直观的特点。徽派建筑的色彩构成与它采用的建筑材料有着密切的关系。徽派建筑的用材多就地取材，注重材料本身天然具有的色彩、色泽、花纹等，在使用时也尽量保持材料的原有特色，师法自然，与周围环境浑然一体，虽由人作，宛自天开。砖木竹石等天然材料造就了徽派建筑，为建筑增色不少，材料色彩与建筑合二为一，达到了多一分则浓，少一分则淡的效果。徽派建筑注重色彩对比。这种色彩对比不仅是单一的黑白对比，因为点缀色彩（红色的对联和暖色的木雕等）与环境色彩（周围绿色的群山和金黄的油菜花等）的存在丰富了这种对比关系。徽派建筑在色彩使用上十分注意与建筑的内外环境协调统一，色彩使用面积的大小、形状、比例同时兼顾，互不冲突。室外环境中大面积的灰白墙体可以很好地接受环境光，所以不管是秋天满山的红叶还是春天随处可见的大面积油菜花田，建筑在其中都不会显得突兀，反而会因为外部环境色彩的变化使建筑呈现不同的色彩韵味。

图5-100

婺源理坑友松祠
来源：自摄

图5-101
婺源思溪村全景
来源：自摄

赋予审美的黑白意境

图5-102
黟县西递村外景
来源：自摄

自然和谐的环境色彩

徽州古村落村落一般依山傍水，在蔚蓝的天际间，勾出民居墙头与天空的轮廓线，增加了空间的层次和韵律美，体现了天人之间的和谐。色彩丰富的田野、曲折蜿蜒的官道可以在很大程度上消解那些黑白两色村落的单调；既能破除纯粉白瓷的单调，又增加了清澈明快的情调，给观者造成一种趋向宁静的心理感受，因此让人觉得美妙，明快秀雅。

图 5-103

歙县徽商大宅院
来源：自摄

图 5-104

歙县徽商大宅院
来源：自摄

图 5-105

婺源思溪百寿花厅
来源：自摄

多维意境的装饰色彩

徽州村落中各家各户内部的装饰色彩丰富，宅院一般富丽雅致：有精巧的花园、黑色大理石制作的门框、漏窗、石雕的奇花异卉、飞禽走兽，砖雕的楼台亭阁、人物戏文，及精美的木雕，绚丽的彩绘、壁画，给观者带来了色彩视觉上的多维意境。

5）徽州建筑构件风格特征（图5-106～图5-108）

徽州建筑体型轮廓丰富，建筑色调朴素淡雅。徽州民居外部轮廓比例和谐、尺度宜人，一般都是青瓦、白墙，给人以清新隽永、淡雅明快的美感。在建筑构建上最有特点的就是马头墙及门罩。马头墙俗称"封火墙"，原是为防火而设。然而在徽州由于运用广泛、组合形象丰富，形成独特的风格，打破了一般墙面的单调，增加了建筑的美感。建筑大门一般加以重点装饰，显得富丽华贵。大门的外框一般用徽砖精刻细雕做成门罩或门坊，紧贴在高大的素墙上，疏密相映，繁简相补，重点突出，体现了主人的地位和财富。

图5-106

黟县南屏
来源：画里乡村摄影大赛作品

实用

墙体之所以采取这种形式，主要是因为在聚族而居的村落里，民居建筑密度较大，不利于防火的矛盾比较突出，火灾发生时，火势容易顺房蔓延。而在居宅的两山墙顶部砌筑有高出屋面的马头墙，则可以应村落房屋密集防火、防风之需，在相邻民居发生火灾的情况下，起着隔断火源的作用。久而久之，就形成一种特殊风格了。门罩是门楼装饰的总称，装饰风格不仅反映房主的志趣，也同样有遮风挡雨的实际功能。

图5-107

黟县南屏
来源：自摄

图5-108

黟县西递
来源：自摄

精巧

徽州古民居具有独特的造型美，多以高大的外墙围合，采用硬山做法，马头墙高出屋脊，依循屋顶坡度层层跌落，呈现水平阶梯形状。但也有马头墙中间高两头低，露出双坡屋脊，半掩半映，呈折线变化。还有一些采用弓形做法，曲线与水平线柔和相接，富于变化。旧时徽州大户人家宅院的侧面马头墙层层叠叠，或平行起伏，或垂直交错，有着递进、重复、交叉和贯通的建筑形态，静中有动，生动活泼，让人体悟到有张有弛、刚柔并济的自然节律。

后　记

　　2012年，作为地方高等院校——安徽建筑大学首次牵头承担了国家十二五科技支撑计划"徽派传统聚落改造与技术挖掘和传承关键技术研究与示范"（项目编号：2012BAJ08B03）项目，项目约束性指标之一——《徽州传统建筑特征图说》应运而生。

　　历时两年多来，通过广泛的调研、资料整理、总结归纳和分层分类研究，现集结成书供大家品读。我们希望通过图说形式对徽州传统建筑特征进行浅显解读，旨在让更多的人（含专业人员以外的）更加直观、浅显易懂地了解徽州古建筑。

　　本书在编写过程中得到了众多人士帮助：安徽建筑大学贾尚宏、季文媚、牛婷婷、钟杰、孙静、戴慧、邓宇宁等老师，以及研究生秦旭升、胡健、夏天、侯亚伟、籍文超、褚敏、李强、李建平、贾砚琦、车力驰等同学参与了编写或整理资料。清华大学单德启先生多次悉心指导；另外，徽州传统建筑研究涉及面众多，本书编辑整理资料中援用同行及相关专家学者的已有成果；中国建筑工业出版社编辑的认真校核与审阅，项目合作单位黄山市建筑设计院洪祖根、江立军、韩毅等领导和同行的大力支持，在此一并致谢。

　　个别引用图片因种种原因未与原作者取得联系，已在文中注明出处，请原作者与本人联系，以便致谢。

　　徽州建筑源远流长，徽州文化博大精深。通过有限的文字及图片解读徽州建筑尚存在诸多不足，文化解读还需进一步提炼，技术解读尚应进一步总结归纳……这也是我们下一步的研究目标，同时也希望更多的专业人士参与进来。

作者

于安徽建筑大学

2014.12.30

（作者邮箱：939615785@qq.com）

图书在版编目（CIP）数据

徽州传统建筑特征图说／刘仁义等编著. —北京：中国建筑工业出版社，2015.2（2021.11重印）
ISBN 978-7-112-17693-9

Ⅰ. ① 徽… Ⅱ. ① 刘… Ⅲ. ① 古建筑-徽州地区-图集 Ⅳ. ① TU-092.2

中国版本图书馆CIP数据核字（2015）第018885号

责任编辑：费海玲　焦　阳　王雁宾
书籍设计：锋尚制版
责任校对：李欣慰　刘梦然

徽州传统建筑特征图说
安徽建筑大学
刘仁义　金乃玲　等编著
＊
中国建筑工业出版社出版、发行（北京西郊百万庄）
各地新华书店、建筑书店经销
北京锋尚制版有限公司制版
临西县阅读时光印刷有限公司印刷
＊
开本：889×1194毫米　1/20　印张：12⅖　插页：1　字数：355千字
2015年10月第一版　2021年11月第三次印刷
定价：**98.00**元
ISBN 978-7-112-17693-9
（26912）